数学のかんどころ 22

円周率
歴史と数理

中村 滋 著

共立出版

編集委員会

飯高　茂　（学習院大学名誉教授）
中村　滋　（東京海洋大学名誉教授）
岡部　恒治　（埼玉大学名誉教授）
桑田　孝泰　（東海大学）

本文イラスト
飯高　順

「数学のかんどころ」
刊行にあたって

　数学は過去，現在，未来にわたって不変の真理を扱うものであるから，誰でも容易に理解できてよいはずだが，実際には数学の本を読んで細部まで理解することは至難の業である．線形代数の入門書として数学の基本を扱う場合でも著者の個性が色濃くでるし，読者はさまざまな学習経験をもち，学習目的もそれぞれ違うので，自分にあった数学書を見出すことは難しい．山は1つでも登山道はいろいろあるが，登山者にとって自分に適した道を見つけることは簡単でないのと同じである．失敗をくり返した結果，最適の道を見つけ登頂に成功すればよいが，無理した結果諦めることもあるであろう．

　数学の本は通読すら難しいことがあるが，そのかわり最後まで読み通し深く理解したときの感動は非常に深い．鋭い喜びで全身が包まれるような幸福感にひたれるであろう．

　本シリーズの著者はみな数学者として生き，また数学を教えてきた．その結果えられた数学理解の要点（極意と言ってもよい）を伝えるように努めて書いているので読者は数学のかんどころをつかむことができるであろう．

　本シリーズは，共立出版から昭和50年代に刊行された，数学ワンポイント双書の21世紀版を意図して企画された．ワンポイント双書の精神を継承し，ページ数を抑え，テーマをしぼり，手軽に読める本になるように留意した．分厚い専門のテキストを辛抱強く読み通すことも意味があるが，薄く，安価な本を気軽に手に取り通読して自分の心にふれる個所を見つけるような読み方も現代的で悪くない．それによって数学を学ぶコツが分かればこれは大きい収穫で一生の財産と言

えるであろう．

　「これさえ摑めば数学は少しも怖くない，そう信じて進むといいですよ」と読者ひとりびとりを励ましたいと切に思う次第である．

編集委員会と著者一同を代表して

$\hspace{20em}$ 飯高　茂

はじめに

　古来，人類が最も興味を寄せ，愛してきた数が円周率 π である．星の動きを正確に捉えるという現実的な必要性もさることながら，3.14 と始まり，どこまでも不規則に続いて行く不思議さがその魅力の一つなのであろう．円という美しい曲線に関係していながら，どこまで行ってもその謎は解けないのだ．この円周率について手頃な大きさで，大事なことをすべてまとめて解説したのが本書である．

円周率，それは充分な説明は出来ないながら，古代文明で充分すぎる近似値が求められていた魅惑的な数．

円周率，それは古代最大の天才が初めて科学的に扱い，3.14 までを明らかにした数．

円周率，それはある男が一生をかけて 35 桁まで計算したほど妖しい魅力を持つ数．

円周率，それは微分積分学が出来上がる前からその成果を先取りさせた魅力に満ちた数．

円周率，それは江戸時代の日本で，不充分な記号を精一杯工夫して何十桁も計算し，美しい公式を見つけさせた数．

円周率，それは手計算で何百桁も計算された数．

円周率，それはどこまで計算されても，計算されたその先は1桁たりとも分からない不可思議な数．

円周率，それはあらゆる代数的な関係を超越し拒絶する孤独な数．

円周率，それはスーパーコンピューターで世界記録を更新し続け，1兆2411億桁まで計算した男のロマンを掻き立てた数．

円周率，それは別の男の情熱に火をつけ自作のパソコンで10兆桁を計算させた数．

円周率，それは10万桁を暗唱したのに，その後で67890桁を暗唱した若者にギネス認定がされてしまった男の無念の数．

円周率，それはある「文明国」で「$\pi=4$」「$\pi=3.2$」であるという法律が成立直前まで進んだ哀れな数．

円周率，それは別の「文明国」で原始時代の「およそ3」にされかかったものの，教育現場の努力でどうにか3.14が保たれた数．

長い歴史の中で，この魅力的な数については実に多くのことが知られている．それらの数学的なレベルも様々である．そこで「序章」の後を主に数学的なレベルにしたがって3つの部分に分けることにした．

第Ⅰ部初級編は「円周率と親しむ」と題し，小学校と中学数学の知識で楽しめる事柄を扱う．

第Ⅱ部基礎編は「円周率を知る」と題し，高校数学までの知識で充分理解できる事柄を扱う．

第Ⅲ部発展編は「円周率を究める」と題し，高校数学Ⅲと大学理工系の微分積分の知識を必要とする事柄を扱う．

そして最終目標を「πが無理数であることの証明」と，「πが超越数であることの証明」および「アークタンジェントを用いてπを表す公式についてのシュテルマーの定理の証明」とする．第Ⅲ部で扱ったこれらの証明は数学的にかなり高度な内容である．一部を

コラムに回したが，円周率の本質を知りたい方で，微分積分学を学習した方は是非挑戦していただきたい．

　この本を書く上で特に心掛けたことは，

(1) どなたにもこの魅力的な数の世界を楽しんでもらえるように分かりやすい叙述を心掛けたこと
(2) 歴史的な情報も取り上げ，正確で最新の説明を心掛けたこと
(3) 随所にコラムをはさみ，この不思議なほど奥の深い数をめぐる様々な側面を紹介したこと

などである．
　中でも，次のことは本書の特徴として特に強調しておきたい．

(A) マチンがいわゆる「マチンの公式」を含む7つの公式を見つけていたことは，筆者が『数学セミナー』(2012.12)の「数学史の小窓 余滴4」で紹介したが，その辺りの事情を成書として初めて詳しく明らかにしたこと（第3章§13，およびコラム9；なお，文献(3)は7つの公式を載せている），
(B) 整数の逆数のアークタンジェントを用いてπを表す公式についてのシュテルマーの定理の証明を紹介したこと（第5章§21），
(C) 「πは無理数である」ことのゾウとマルコフによるエルミート風の新しい証明を紹介したこと（第5章§20），
(D) バビロニア数学の円周率についての室井さんの最新の研究により，ノイゲバウアーが嘆いたバビロニア数学についての未発見の「カギ」を見つけた可能性を解説したこと（第3章§10），

等である．

著者の意図するところが目標通りに達成できたかどうかは，読者の皆さんの判断を俟ちたい．

　この本が「円周率」に魅力を感じ，「円周率」について色々知りたい方々のために役立つことを切に願っている．

　円周率計算の世界記録を何度も塗り替えた金田康正さんの言葉を引用しておこう．ここには円周率に夢とロマンを感じ続けた本人ならではの素直な気持ちが現れている．

　「円の周囲は直径の何倍か？」という素朴な問いに，古代ギリシャ時代から何人もの数学者が挑戦し続けています．π は不思議な魅力を持った数なのでしょう．π は無限に続きます．そのことがよけい好奇心をそそり夢を抱かせてくれます．
　この好奇心が，π を計算する一番大きな理由です．
　イギリスの登山家ヒラリー卿はなぜ山に登るのかと問われ，そこにエヴェレストがあるからだ，と答えたそうです．わたしの場合は，「そこに π があるから計算する」――そんな気持ちでしょうか．（金田康正著『π のはなし』，東京図書）

　若い人の中に，金田さんの情熱を受け継ぐ人が現れたら，とても嬉しい．

　最後になったが，則松直樹さんと柴田昭彦さんは内容を細かくチェックして，誤りを報せてくれた．特に，円周率に関する情報の正確さにこだわり続けてきた柴田さんの広い知識と情熱には敬服した．また，原稿段階で貴重な意見を寄せて下さった編集委員の皆さんと，編集担当の野口訓子さん，三浦拓馬さんにはこの本を作る上で大変お世話になった．さらに，飯高順さんは楽しいイラストを描いてくれた．以上ここにまとめて記して感謝したい．

2013 年 11 月

中村　滋

目　次

はじめに

序章　円周率とは？ ……………………………………… 1
 §1　円周率とは何か　2
 §2　円との出会い　4
 コラム1：地球と天球；古代の宇宙像　9
 §3　円周率を覚える　13
 序章末問題　16
 コラム2：若く美しい女王ディドーの悲しい物語　17
 コラム3：ディドーの問題の初等的な解　19

第I部　円周率と親しむ（初級編）
第1章　円を測る ……………………………………… 23
 §4　円形の物の周囲を測る　24
 §5　重さで円周率を測る　25
 §6　方眼紙とコンパスで円を測る　26
 §7　針を投げる　28
 コラム4：ビュフォンの針　30
 1章末問題　31

第2章　円を作る …… **33**

- §8　シャボン玉遊びで真円を作る　34
- §9　コンパスで円を描く　37
- 2章末問題　39
- コラム5：古代ギリシアの三大作図問題　40

第Ⅱ部　円周率を知る（基礎編）

第3章　歴史の中の円周率 …… **49**

- §10　古代の円周率　50
- コラム6：古代バビロニアにおける円周率　51
- §11　円周率を科学にした男アルキメデス　53
- コラム7：時代を超えた天才アルキメデス　59
- §12　中国・インド・アラビアにおける円周率　64
- §13　微分積分学の発展による円周率の革新　69
- コラム8：アークタンジェントとは？　80
- コラム9：マチンの公式をめぐる新発見　83
- コラム10：ニュートンとライプニッツ　86
- §14　複素数の中に円周率を見出したオイラー　91
- コラム11：オイラーの慧眼　97
- §15　和算における円周率　100
- コラム12：危うく「円周率=4」が法律に　106
- 3章末問題　108

第4章　円周率を計算する …… **111**

- §16　円周率を表す公式たち　112
- §17　円周率の計算競争　123
- コラム13：ルドルフ・ヴァン・ケーレン　128
- コラム14：金田康正さんの執念　130

コラム 15：近藤茂さんの快挙　133
§ 18　円周率の暗唱記録　136
コラム 16：原口證さん 10 万桁を暗唱　138
4 章末問題　142

第 III 部　円周率を究める（発展編）
第 5 章　円周率の本質 ………………………………………… 145
§ 19　円周率の理論的な発展の跡をたどる　146
§ 20　円周率はどんな数か？　148
コラム 17：リンデマン　156
コラム 18：e と π が超越数であることの証明　159
コラム 19：e と π が無理数であることの証明　168
§ 21　円周率を逆正接関数で表す方法　171
5 章末問題　192

章末問題略解　195
付録　円周率の 1 万桁　213
あとがき　219
索引　224

序　章

円周率とは？

　π の歴史は，人類の歴史をうつし出す小さな鏡である．それはシラクサのアルキメデスの物語である．この人の π の計算法は 1900 年にもわたって，いささかも変えられなかった．
(ベックマン著, 田尾・清水共訳『π の歴史』, ちくま学芸文庫)

イタリアの切手に描かれたアルキメデス (1983)

§1 円周率とは何か

🍀 「円周率」という言葉

 私たちは何の疑問も持たずに「円周率」という言葉を使っている．すでに7世紀の『隋書』に「圓周率」として現れる言葉だが，漢字3文字のこの言葉がいかに素晴らしいか，というところから話を始めよう．

 円周率とは，円という図形の周の長さと直径との比率のことで，まさにこの漢字が本質をズバリと表現している．これは漢字が持つ極めてすぐれた造語力のおかげだ．英語では "the ratio of the circumference of a circle to its diameter"（ある円の周の直径に対する比率；11 words），ラテン語でも，"quantitas in quam cum multiplicetur diameter proveniet circumferentia"（直径に掛けると周が出てくる量）と全部を言葉で説明しなければならない．余りに大変なので，普通は number pi（π）と縮めて言うほどである．18世紀にオイラー（Leonhard Euler；1707-1783）が記号「π」を採用し，その結果これが全世界共通の円周率の記号になったのだが，そうでなかったら大変なことになっていたのである．

🍀 円周率とは何か？

 今書いた通り，円周率とは円の周の長さと直径との比率のことで，古代ギリシア以来，どんな円を描いてもその比は一定であることが分かっていた．なぜなら円と一本の直径が作る図形（次ページ図）はすべて相似で，相似図形では対応する部分の長さの比は等しいのである．

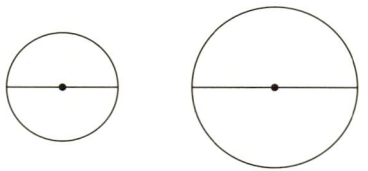

図 0-1　円と一本の直径が作る図形はすべて相似

これを定理としてまとめておこう．

定理 1.

いかなる円においても，円の周の長さと直径との比率は一定である．これを円周率という．

🍀 円積率

現代では今述べた通り，「円の周の長さと直径との比率」＝「円周率」と考えることが多いが，古代には「円積率」＝「円とその外接正方形との面積比」を考える方が自然だったかも知れない．直径の2乗（すなわち直径を一辺とする正方形の面積）に円積率を掛けると円の面積が得られるのである．これは数値としては $\frac{\pi}{4}$ を与える．周囲が一定の長さの曲線で，囲む面積を最大にするのは「円」であることが証明されている（コラム2，3参照）ので，例えば貯蔵庫などを作るときにも円積率を考えたに違いない．しかし本書では円積率を用いず，すべて「円周率」で通すことにする．

🍀 記号 π（パイ）

1706年にイギリスのジョーンズという人が初めて定数としてのこの比の値を表すのにギリシア文字π（パイ）という記号を使った．これが1736年のオイラーの『力学』第Ⅰ巻（Mechanica）に

採用され，特に1748年の名著『無限解析入門』で「π」が円周率の標準的な記号となることを意識して導入して以来，このπが世界標準になったのである．ジョーンズの本で最初に記号πが現れるところに Periphery（π）とあるので，彼は周を表す英語の periphery に対応するギリシア語ペリフェレイア（$\pi\varepsilon\rho\iota\varphi\varepsilon\rho\varepsilon\iota\alpha$）を念頭においてπを使ったと思われる（第3章 §13，図3-12：79ページ）．でも，周長のペリメトロス（$\pi\varepsilon\rho\iota\mu\varepsilon\tau\rho\sigma$；英語の perimeter）の頭文字だと思っても構わない．オイラーが記号πをどのように導入したかについては後述する（第3章 §14）．

§2 円との出会い

🍂 人類の「円」との出会い

「円」という形は悠久の昔から人類にとって馴染み深いものであった．静かな水面に石を投げ込んだときに広がる波紋の形であり，太陽や満月の形であり，時々現れる虹の形も半円である．木の切り株は丸いし，花の形，果物の切り口，魚の目玉などにも丸がある．紐の一端を固定し，他の一端に棒を結び付けてグルリと一周すれば円が描ける．一番簡単に正確に描ける図形である．子供たちが最初に覚える形が丸（すなわち円）○，三角△，四角□だ．現実生活に「円」を応用した「車輪」は，前3500年頃に古代バビロニアで発明されたようだ．その数百年後には戦車に使われている．その頃エジプトでも車輪が使われ始めた．前2500年前後の巨大ピラミッドの建設で，車輪が使われた形跡は残っていないが，一つ2.5トンもの巨石を，「そり」や「ころ」，それに梃子などを使って運んだ

のだろう.「ころ」とは,重いものを運ぶときに重量物の下に置いて転がす丸太,または軸を中心にして回転する円柱を並べたものである.ピアノの足とか重いテーブルやイスの足に,さらに工作機械のローリング・コンベアなどに使われている.車輪が使われるようになると,車輪の1回転で,直径のおよそ3倍,詳しく言うと3倍より少しだけ余計に進むことが経験によって分かって来る.距離の測定にも,車輪の回転数で測る機械(計測輪)が使われた可能性がある.古代エジプトの巨大ピラミッドの底面は正確に東西南北を向いた正方形で,最大のクフ王のものでは1辺440キュービット(長い肘尺ロイヤル・キュービットなので,1キュービット = 52.4センチメートル,短いショート・キュービットだと約45センチメートル),復元した高さは280キュービットである.辺の長さの2倍を高さで割ると,$\frac{880}{280} = \frac{22}{7} \fallingdotseq \pi$となることが指摘されている.この時期のピラミッドでは辺長の2倍と高さの比にはπに近い比率が多い.しかし他の時期のピラミッドも調べると,その比率は2.5~4.5とばらついているので,これは偶然かも知れない.頂点から斜面の三角形の底辺に下ろした垂線の長さは356キュービットで,この2倍を1辺の長さで割ると,$\frac{712}{440} = \frac{89}{55} \fallingdotseq 1.618$となって黄金比$\varphi$が現れる.

図 0-2 ギザの3大ピラミッド

現代生活の中の円

その後も人類の生活にとって,「円」は欠かせないものであった.特に現在の私たちの生活は円や回転なしには考えられないものになっている.自動車も電車も「円」形の車輪の回転によって動く.扉はちょうつがいの回転によって開閉し,横に開く扉の場合には下面に小さなコロが付いていることが多い.扇風機,換気扇,洗濯機,掃除機,エアコンやファンヒーターなどはすべてモーターの回転で働いている.食器類にも円が関係しているものが多い.お皿,茶碗,コップ,など探せばいくらでも見つかるはずだ.鍋やフライパンなども円形のものが目立つ.茶筒や海苔の缶など,ストックするための容器にもよく使われている.

図 0-3 風車

図 0-4 自動車のディファレンシャル・ギアの一例

昔は水力で動く水車小屋が活躍し,現在は再生可能なエネルギーの一つとして風力発電の風車があちこちで回転している.またギヤの研究も進められた.これは円周上にギザギザの歯を刻み,円の大きさと歯の数が異なるギヤを組み合わせることによって,回転力や回転の速さ,回転軸の方向などを変える簡単なメカニズムだ.ディジタル時計全盛の現代でも,やはり時針,分針,秒針が回転するアナログ式の時計は残っている.そこではギヤがちゃんと働いている.

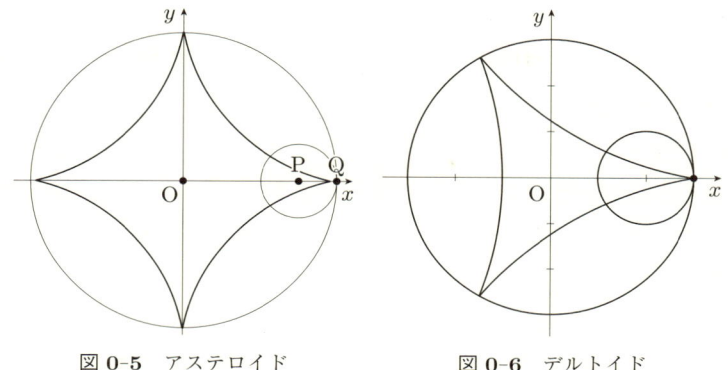

図 0-5 アステロイド　　　図 0-6 デルトイド

🌿 円運動を直線運動に

　円運動を直線運動に変換することは，回転を現実的な力として利用する際にはとても重要だ．早くも16世紀にカルダノ（Girolamo Cardano；1501-1576）は，極めて簡単なものとして，半径2の円内を半径1の円が滑らずに回転する時，小円の円周上の1点が描く軌跡が線分になることを発見した．ある円内を小円が滑らずに回転する時に，小円上に固定された1点が描く軌跡を「ハイポ・サイクロイド（hypocycloid；内サイクロイド）」という．2つの円の比が2:1の時に小円の円周上の1点が描くハイポ・サイクロイドは線分になるのだ．こうして円運動は直線運動に変換されるのである．2円の直径の比が4:1の時には「アステロイド（asteroid, またはastroid）」と呼ばれる美しい曲線になることも分かっている．これは1674年に天文学者レーマー（Ole Roemer；1644-1710）が発見し，その後ヨーハンおよびダニエルのベルヌーイ親子（Johann & Daniel Bernoulli；1667-1748 & 1700-82）によって研究された．3:1の時には3辺が内側に反った三角形$\overset{\text{デルタ}}{\Delta}$のような形で，「デルトイド（deltoid）」と呼ばれる．17世紀前半にデカルト（René Descartes；1596-1650）による記号法の革命があり，様々な曲線が式で表されるようになった．それに続いて同じ世紀の後半

には微分積分学が作られて，曲線の分析が極めて便利になると同時に，それまでよりもはるかに深く調べられるようになったが，その最初期に研究された曲線の一つだ．産業革命の前後から円運動を直線に変換するメカニズムが工学的な視点から種々研究されてきた．シリンダー内を往復運動するピストンの他に，ギヤの組合せも研究された．これらは現在でも自転車，自動車，あるいは印刷機などに広く応用されている．

生活から理論へ

古代文明でも，大きさの違いはあっても円はみな同じ形と分かっていたから，円周と直径の比が一定であることは，証明することもなく，自然に納得していたことだろう．「同じ形」ということを正確に表現する数学用語が「相似 (similar)」である．しかしこの言葉が作られるよりもずっと早くから人類は直感的に気付いていたはずだ．数学は古代ギリシアにおいて「論証数学」として生まれ変わり，面目を一新するが，この地においてすべての円が相似であることがはっきりと認識され，円の面積が直径の 2 乗に比例することなどが厳密に証明されたのだった．こうして円の周と直径との比例関係が明確になり，その比例定数として「円周率」は確実な基盤を獲得したのである．

コラム1：地球と天球；古代の宇宙像

🌱 地球が丸いことの発見

　千葉県銚子市には「地球の丸く見える丘展望館」があって，太平洋が緩やかな弧を描いていることを実感できるという．しかし日常生活での実感では，地面は（起伏はあるものの）平らである．古代の神話に現れる宇宙創成物語は荒唐無稽なものも含めて多種多様である．現代人には理解が困難なものもあるが，いずれも限られた経験から想像力によって作り上げたものであろう．古くから平行な2平面のように，天も平ら，地も平らという宇宙像（「天平地平説」）があり，そのうち天は丸いという「天球地平説」が現れる．やがて完全な図形である円・球を重要視する考えから，地球そのものが球形であるという「地球説」が示されるが，これはイオニア学派やピュタゴラス派にまで遡る．「天球地球説」はプラトン（Platon；前 427-347）にも受け継がれて，古代ギリシア以降の標準的な理論になった．「地球説」の論拠は，①月食のときに月面に見られる地球の影の形，②南北に移動すると，見える星が変わり，北極星のような星の高さが変わること，③船で陸地に近づいてくるとき，陸地は山のてっぺんから見え始めること，などである．アリストテレス（Aristoteles；前 384-322）は『天体について』で①②などを挙げて球形説を主張し，次のように述べて，地平説を批判している：

　　同様にその［地球の］形についても議論がある．球形だと考えるものがあり，平らで，タンバリンのようだと考えるものもいる．後の者は証拠として，太陽が沈むときと登るとき，地球に隠れた部分が円形ではなくまっすぐだということを挙げ，地球が球形なら切り口も円形にならなければおかしいという．しかしながら，この点で彼らは太陽から地球までの距離と，地球の

図 0-7　アリストテレスの宇宙像（『天体について』）

周の長さについて，その弧が小さい円に映るとき，そんな途方もない距離からは直線に見えるという点を考慮に入れなかったのである．

アリストテレスの同時代人（少し先輩）のエウドクソス（Eudoxus；前 406-355）は，宇宙を「地球中心の同心球」と見る考えを述べ，古代ギリシアで受け入れられた．後代になるにしたがって同心球の数が増えていく．惑星の動きをよく説明するために，前 3 世紀のアポロニオス（Apollonios；前 261-190）は円軌道上を小さな円が回転する「周転円」を導入した．さらにヒッパルコス（Hipparchos；前 2 世紀）によって導入された離心円（太陽は地球から少し離れた点を中心とする円周上を運動するという説）は，プトレマイオス（Ptolemaeos；2 世紀）に受け継がれて，「周転円宇宙像」による「天動説＝地球中心説」が完成される．

地球の大きさの測定

アリストテレスは上述の『天体について』の中で，ピュタゴラス派の「マテーマティコイ」と呼ばれる人たちが主張する地球の

§2 円との出会い　11

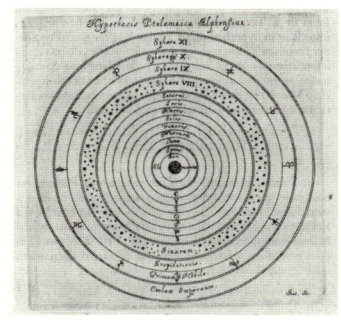
プトレマイオスの宇宙像

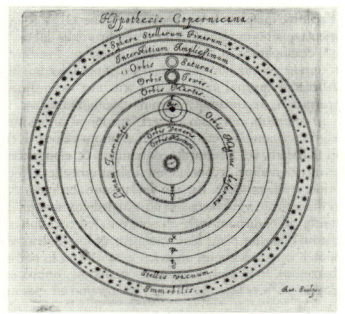
コペルニクスの宇宙像

図 **0-8**　(ヘヴェリウス (Hevelius), "Selenographia", より)

大きさに言及し,「周囲 40 万スタディア」と述べた. 1 スタディアが何 m に当たるかについては 157.5 m から 185 m まで諸説あって不明であるが, これは 1.5 倍から 2 倍近い誤差になる. 実測によって地球の大きさを計算したのが, 前 3 世紀にアレクサンドリアで活躍したエラトステネス (Eratosthenes；前 276-194) である. 彼はナイル河上流のシュエネにおいて, 夏至の日に深井戸の底まで太陽の光が届くという話を聞きつけ, ほぼ真北にあるアレクサンドリアまでの距離を測り 5000 スタディアという値を得た. また夏至の日に, アレクサンドリアで真直ぐ立てた棒の影を計測して, $7.2°$ 傾いていることを発見した. これにより, 地球の一周は $\frac{5000 \times 360}{7.2} = 25000$ スタディア, 後に 200 を加えて 25200 スタディアと結論付けた. これは今の長さで 39690 km から 46620 km にあたるので, とても良い近似値だ. 現在使われているメートル法は, 赤道から北極までの距離を 10000 km と決めてメートル原器を作ったので, 一周およそ 40000 km になるのである (極半径：6356.912 km).

なお, アラビアではすでに 9 世紀に, カリフのマァムーンが砂漠に天文学者を派遣して緯度 $1°$ に対応する距離を測らせて, かな

図 0-9　気象衛星「ひまわり」から見た日食時の地球（2012.5.22）

り正確に地球の大きさを計測した．11 世紀になると，ビールニー（al-Biruni；973-1055）が三角関数を用いた新しい方法を考案して，地球の半径を測定した．彼がその著書で「砂漠を歩く必要のない方法」と誇らしげに書いたのは次のようなやり方である．先ず地平線を見通すことができる山を選び，その山の高さ h を測る．これは山から同じ方向に $\ell + d$ および ℓ だけ離れた 2 点における山の仰角 α，β を測定すると，$h = (\ell + d)\tan\alpha = \ell\tan\beta$ となる．

$$\therefore \ell(\tan\beta - \tan\alpha) = d\tan\alpha, \quad \ell = \frac{d\tan\alpha}{\tan\beta - \tan\alpha}.$$

よって，$h = \dfrac{d\tan\alpha\tan\beta}{\tan\beta - \tan\alpha}$ と計算した．

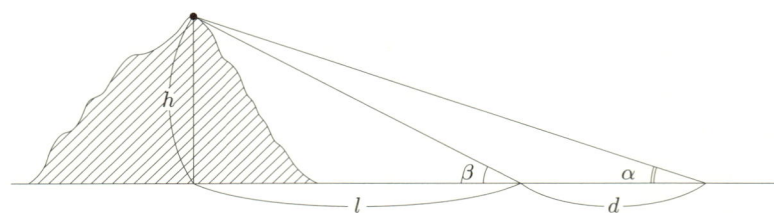

次に山頂に上り，地平線の俯角 θ を測定する．地球を球形とみてその半径を R とすると，$(R+h)\cos\theta = R$ なので，$R = \dfrac{h\cos\theta}{1-\cos\theta}$ と求めたのである．彼の出した値 $R = 6339.9\,\mathrm{km}$ は恐るべき正確な値である．

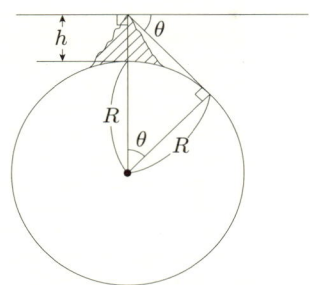

———（コラム 1　終）———

§3　円周率を覚える

🍂 語呂合わせ

　語呂合わせによる円周率 50 桁の覚え方を一つ紹介しよう．
$\pi =$ 3.1415926535 8979323846 2643383279 5028841971 6939937510 $\cdots$
産医師 異国に向こう．産後厄なく 産婦みやしろに．虫散々闇に鳴く．御礼には 早よ行くな．イチムクサンクク皆子入れ．
「イチムクサンクク」の部分だけは呪文のようにただ覚えるしかないが，情景も浮かんでくるので覚えやすい．

For
a time I stood pondering on circle sizes. The large
computer mainframe quietly processed all of its assembly code.
Inside my entire hope lay for figuring out an elusive expansion. Value: pi.
Decimals expected soon. I nervously entered a format procedure. The mainframe
processed the request. Error. I, again entering it, carefully retyped. This iteration gave
zero error printouts in all-success. Intently I waited. Soon, roused by thoughts within me,
appeared narrative mnemonics relating digits to verbiage! The idea appeared to exist but only in
abbreviated fashion-little phrases typically. Pressing on I then resolved, deciding firmly about a
sum of decimals to use-likely around four hundred, presuming the computer code soon halted!
Pondering these ideas, words appealed to me. But a problem of zeros did exist. Pondering more, solution
subsequently appeared. Zero suggests a punctuation element. Very novel! My thoughts were culminated.
No periods, I concluded. All residual marks of punctuation = zeros. First digit expansion answer then came
before me. On examining some problems unhappily arose. That imbecilic bug! The printout I possessed
showed four nine as foremost decimals. Manifestly troubling. Totally every number looked wrong. Repairing
the bug took much effort. A pi mnemonic with letters truly seemed good. Counting of all the letters probably
should suffice. Reaching for a record would be helpful. Consequently, I continued, expecting a good final
answer from computer. First number slowly displayed on the flat screen-3. Good. Trailing digits appar-
ently were right also. Now my memory scheme must probably be implementable. The technique was
chosen, elegant in scheme: by self reference a tale mnemonically helpful was ensured. An able title
suddenly existed-"Circle Digits." Taking pen I began. Words emanated uneasily. I desired more
synonyms. Speedily I found my (alongside me) Thesaurus. Rogets is probably an essential in
doing this, instantly I decided. I wrote and erased more. The Rogets clearly assisted
immensely. My story proceeded (how lovely!) faultlessly. The end, above all,
would soon joyfully overtake. So, this memory helper story is incon-
testably complete. soon I will locate publisher. There a narrative
will I trust immediately appear, producing fame.
The end.

図 0-10　Michael Keith が作った "A Self-Referential Story"

日本語以外の記憶詩

　円周率の記憶詩は各国にあるが，日本語以外では各単語の字数が一つの数字に置き換えられる．例えば，英語では次のようになる：

　　How I wish I could calculate pi.

　　　（あぁ，πが計算出来たらなー．；7桁）

　π（pi）を覚える詩（poems）という意味で "piems" と呼ばれる．その傑作の一つが上のものだ．これを作ったキース（Michael Keith；1955-）はアメリカのソフト・エンジニアで，他にも円周率を表す記憶詩をいくつも作っている．3825桁に上るものもあるという！　面白い人がいるものだ．

　英語の "piems" で私が一番好きなのは次のものだ：

> How I want a drink, alcoholic of course, after the heavy
> lectures involving quantum mechanics.（Sir J.Jeans）
> （何とも飲み物がほしい，もちろんアルコールさ，
> 量子力学などのつらい講義の後にはね．；15桁）

これに付け加えて32桁まで覚えられるようにした人もいる：

> …and if the lectures were boring or tiring, then any odd
> thinking was on quartic equations again,（S. Bottomley）
> （もしも講義が退屈だったり疲れたりするものなら，奇妙な
> ことを考えて，再び4次方程式を．）

フランス語の次の詩は30桁を覚えることが出来るすぐれものだ．

> Que j'aime à faire apprendre un nombre utile aux sages!
> Immortel Archimède, artiste ingénieur,
> Qui de ton jugement peut priser la valeur?
> Pour moi, ton problème eut de pareils avantages.
> （学者さん，この役立つ数を教えてよ！
> 不滅のアルキメデス，天才的な技術者よ，
> あなたの判断では，誰がその価値を評価できるのか？
> 私にとって，あなたの問題はとても役に立つ．；30桁）

ドイツ語の詩も一つ紹介しよう．

> Wie O! Dies π Macht ernstlich so vielen viele Müh'!
> Lernt immerhin, Jünglinge, leichte Verselein.
> Wie so zum Beispiel dies Dürfte zu merken sein !
> （さあ このπってやつは，全くもって大変な骨折りを要する！
> 若者よ，この詩を絶えず学べ．
> 例えばこの詩がどんなに注意されるべきことか！；23桁）

スペイン語のものも面白い．

　　Sol y Luna y Mundo proclaman al Eterno Autor del Cosmo.
（太陽と月と世界は宇宙の永遠の著者を賞賛する．；11桁）

このような"詩"を見ても，洋の東西を問わず，円周率がいかに深く愛されてきたかがよく分かる．この幸せな数について，以降の章でさらに深く調べてみよう．

問序.1
ピラミッドの大きさを調べよ．

問序.2
日常生活の中で，円または回転がからむものを探してみよ．

問序.3
半径2の円内を半径1の円が滑らずに回転する時，小円の円周上の1点が描く軌跡が直線になることを示せ．

問序.4
半径4の円内を半径1の円が滑らずに回転する時，小円の円周上の1点が描く軌跡（アステロイド）を式で表せ．

問序.5
πを覚えるための語呂合わせ，または詩"piems"を自分で作ってみよ．

コラム2：若く美しい女王ディドーの悲しい物語

🍂 カルタゴ建国

　伝説ではローマ建国は前8世紀のこととされるが，ローマ建国の使命を帯びたアエネアスとの悲恋で有名なカルタゴの女王ディドーは，フェニキアから逃れて来てカルタゴの地に建国する時に，古老から"牛1頭の皮で覆えるだけの土地"を許されて買った．この時，ディドーは牛の皮を細く切ってつなぎ合わせ，海岸線から半円を描いてそこに国を作ったのだった．周の長さが一定な図形の内で，円が最大面積を囲むことが分かっているので，若い女王は円の持つ性質をうまく利用して，賢明な解決をしたのである．恐らく身近に数学に明るい人が付いていたのだろう．

🍂 余りにも悲しい結末

　有名な「トロイの木馬」の奸計によってトロイアは陥落し炎上す

る．トロイアの英雄アエネアスは年老いた父を背負い，息子の手を引いて祖国を後にした．彼は大神ユピテルから祖国を再建する使命を与えられていた．彼の船団は新たな土地を求めて，旅の途中で死んだ妻の亡霊が指示した西(ヘスペリア)の国へ向かう．数々の冒険譚の後にカルタゴに漂着するが，そこでディドーと出会い激しい恋に落ちる．彼は女王の宮殿に住んで，新都カルタゴの建設に携わる．しかしアエネアスは大神ユピテルにローマ建国を強く迫られ，後ろ髪を引かれる思いでカルタゴを出帆する．港を出て行くアエネアスの船隊を見て，絶望したディドーは積み上げた薪の上で自分の胸に剣を突き刺して，自害して果てるのだった．「ディドーの問題」と呼ばれる人類最初の「等周問題」には，このような何とも悲しい物語が秘められていたのである．

————（コラム2　終）————

コラム3：ディドーの問題の初等的な解

　コラム2で取り上げた「ディドーの問題」は，周の長さが一定なときに最大面積を囲む図形を求めよ，という「等周問題」で，最古の「変分学」の問題の一つである．オイラー・ラグランジュによる変分学の微分方程式を使えば簡単な例題として解けるが，この「ディドーの問題」には初等的な解法が見つかっている．その魅力的な解法を紹介しよう．

[**証明**]　図形に凹んだ部分があったら，凹み部分を外側に折り返すことによって，周の長さを変えずに囲む面積を大きくすることが出来る．

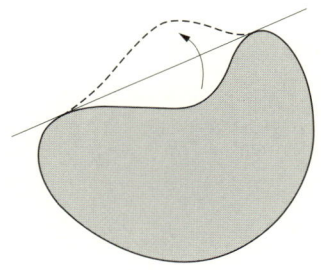

　周の長さが決まっているので，周の長さを丁度半分にする2点を取ってA，Bとする．直線ABによって図形を2つに分けたとき，面積の大きい方（面積が等しいときはどちらでも良い）を折り返してABに関して対称な図形にすると，周の長さは変わらずに囲む面積だけを大きくすることが出来る．そこで，初めから図形はABに関して対称で，凹み部分はないものとして，片側部分だけを考える．周上に任意の点Pを取り，AとP，BとPとを結ぶ．APの外側部分の図形をR_1，△APBをR_2，BPの外側部分の図形をR_3とする．もしも∠APBが直角でないとするとき，R_1，R_3をそのまま乗せて，∠APB′が直角になるようにBをB′まで

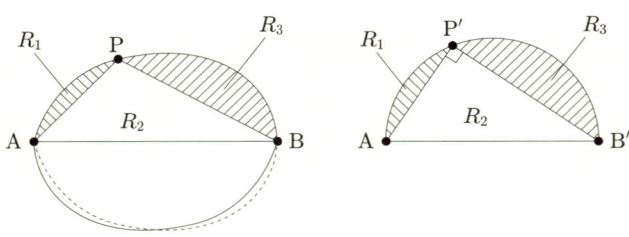

図 0-11　点 B を動かして ∠AP′B′ を直角にする

動かす．一般に △APB の面積 $= \frac{1}{2} \mathrm{AP} \times \mathrm{BP} \times \sin \angle \mathrm{APB}$ だから，∠APB ＝ 直角 のときに △APB の面積が最大になる．したがって，最大面積を囲む図形においては，P は AB を直径とする円周上にある．P は図形上の任意の点であったから，最大面積を囲む図形は AB を直径とする円である．　　　　　　　　　　　□

　この解法は 19 世紀にスイスの数学者シュタイナー（Jakob Steiner；1796-1863）によって発見されたものだが，その後何度も再発見されているようだ．

────（コラム 3　終）────

第 I 部
円周率と親しむ
初級編

十五夜お月さんごきげんさん
　　ばあやはおいとまとりました
十五夜お月さん妹は
　　いなかへもられてゆきました
十五夜お月さんかかさんに
　　もいちどわたしはあいたいな
（『十五夜お月さん』，野口雨情作詞）

第1章

円を測る

円は単純でエレガントで美しく，真正の２次元の完璧さを示している．（Dunham, "The Mathematical Universe"；John-Wiley & Sons）

天文学者（デューラー，1504）

§4　円形の物の周囲を測る

🌿 円形の缶を測る

　小学生の頃に，丸い缶の周の長さと直径を計測した記憶がある．茶筒や海苔の缶などに糸を巻いて周囲の長さを測った．おそらく周と直径の比が3より少し大きいことを納得させるためであろう．今回，試みに手近かにある円形のものをいくつか測ってみた．その結果，次のような測定値が得られた．

表 1-1　茶筒や皿などの直径と円周の長さの測定値

円周の長さ P	直径 D	比 $\dfrac{P}{D}$
21.0	6.5	3.230
25.0	7.9	3.126
15.9	4.8	3.312
27.5	8.5	3.235
77.2	24.5	3.151
115.9	36.8	3.141

　やや大きめの値になったが，確かに3より少し大きいことは確認できた．茶筒は割合測りやすく，お皿の測定は意外に難しかったが，実際やってみると面白くて良い問題だと感じた．

§5 重さで円周率を測る

🍂 円柱形のボトルに入れた水の重さを測る

円柱形のペットボトルを利用して円周率を"測って"見た．底面はデコボコしているので，少し水を入れて重さを測っておく．次に水を入れて何センチメートル増えたかを測り，円の半径も測る．水は1立方センチメートルで1グラムなので，増えた水の重さで体積が分かる．実際に測った結果は次のようになった．

半径 3.7 cm, 高さ 17.0 cm, 重さ 758 グラム．
これを，円柱の体積 $= \pi \times (半径)^2 \times (高さ)$ の公式に入れると，

$$\pi \fallingdotseq \frac{758}{17 \times 3.7^2} \fallingdotseq 3.257\cdots$$

となった．やや粗い近似ではあるが，身近なもので円周率を測れることが分かった．

🍂 円形に切った厚紙の重さを測る

重さで円周率が測れないかと考えて，厚紙を切ってみた．円形に切り取り，直径を一辺とする正方形と重さを比較した．その結果，円形の厚紙 7.3 グラム，正方形 9.6 グラムであった．これより，

$$\pi \fallingdotseq \frac{4 \times 7.3}{9.6} = 3.041\cdots$$

これも粗い近似ではあるが，厚紙の種類を工夫し，正確な秤を使えば充分に円周率の近似値が得られることが確かめられた．

§6 方眼紙とコンパスで円を測る

方眼紙とコンパスで円を測る

　方眼紙にコンパスで円を描く．対称性を利用して四分の一円でよい．完全に円内に含まれる正方形と，円と共有点を持つ正方形の数を数える．粗い目盛の図で説明しよう．次の図では，完全に円内に含まれる正方形は 71 個，円と共有点を持つ正方形は 86 個であった．円全体では 400 個の正方形のうち，284 個と 344 個になる．したがって半径 10 の円（面積 $\pi \times 10^2 = 100\pi$）と比べて，

$$2.84 < \pi < 3.44$$

となる．

　このやり方で円周率を大きい方と小さい方から挟み込むことが出来る．目盛を細かくしていけば段々正確になることが期待できる．

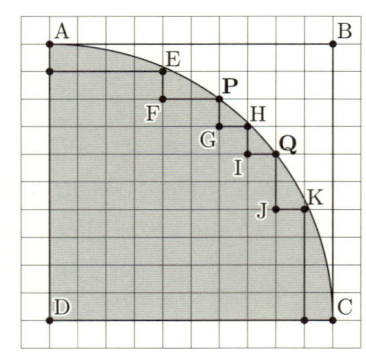

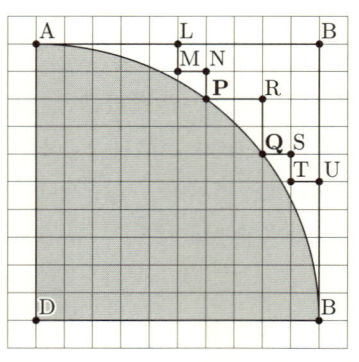

図 1-1　四分円に内接（左）または外接（右）する折れ線多角形（**P**, **Q** は円周上にあり両者に共通．目盛：10 等分）

　そこで実際に目盛を細かくして正方形の個数を数えてみた．実際に円を描いて数えると微妙な判定を強いられるところが出てくる．

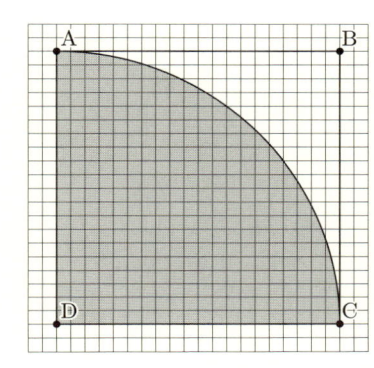

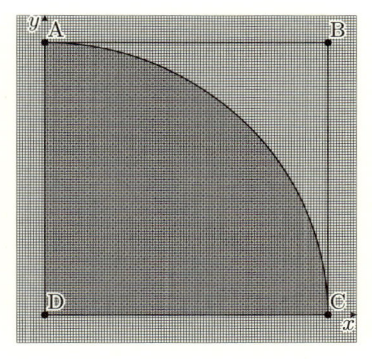

図 1-2 方眼紙に書いた四分円（左：20 等分，右：100 等分）

そのようなところでは計算をして確認した結果，次の表が得られた．

表 1-2 四分円内の正方形と，共有点を持つ正方形の個数

目　盛	10	20	100
内　側	71	294	7754
共有点	86	331	7949

これから円周率の値は，目盛 20 と目盛り 100 のものでは，

$$2.94 < \pi < 3.31,$$

$$3.1016 < \pi < 3.1796,$$

となることが分かった．なお，清真学園高校大津浩美先生のゼミで円周率について調べた高校 1 年生（当時）の本間みづはさんは，方眼紙に円を描いて数えることにより，微妙な判定での誤差を含んだ値として，次の結果を得た．それから得られる円周率の上界値と下界値も記録しておく（2 回数えた 2 回目の結果）．

これ以上細かくすることは手描きでは困難であり，コンピューターで計算させるのが良い．コンピューターなら判断に迷うこともなく，一瞬で円周率を挟む 2 つの値を出すだろう．

表 1-3 方眼紙に円を描いて数えた円内の正方形と，共有点を持つ正方形の個数（本間さん）

目盛		40	80	160
内側		1217	4946	19925
共有点		1292	5101	20232
円周率の値	下界	3.0425	3.09125	3.11328
	上界	3.2300	3.18812	3.16125

§7 針を投げる

針を投げる

コラム4で説明するように，針を投げることで円周率の近似値を求めることが出来る．18世紀の博物学者ビュフォン（Buffon；1707-1788）が考えたので，「ビュフォンの針」と呼ばれる．間隔Dで何本かの平行線を平面上に引いておく．長さLの針を何度も平面上に落とし，針が平行線と交わった回数を記録する．N回投げてC回交わったとすると，平行線と交わる確率$\frac{C}{N}$は，試行回数を増やすと$\frac{2L}{\pi D}$に近付くというのが「ビュフォンの定理」だ．これを使えば，何度も針を投げることで円周率πが計算できる：

$$\pi \fallingdotseq \frac{2LN}{CD}$$

となるはずだ．これも実際に針を投げてみた．フローリングに75ミリメートルの平行線があったので，長さ50ミリメートルのマッチ棒を5本ずつ投げたところ，平行線と交差したマッチ棒の本数は次のようになった．

2, 1, 4, 3, 4, 2, 1, 4, 2, 1, 以上合計 24,

3, 1, 2, 1, 2, 1, 1, 3, 3, 3, 以上累計 44,

2, 3, 0, 3, 1, 3, 2, 0, 3, 1, 以上累計 62,

4, 4, 2, 1, 2, 3, 3, 1, 3, 1, 以上累計 86,

最初の 10 回（50 本）で 24 本が交わった．これから計算すると，$\pi \fallingdotseq \dfrac{2 \times 50 \times 50}{24 \times 75} = \dfrac{25}{9} = 2.777\cdots$ となる．20 回では 44 本が交わったので，$\pi \fallingdotseq \dfrac{100}{33} = 3.030\cdots$ となる．40 回では，合わせて 200 本投げて 86 本交わったので，$\pi \fallingdotseq \dfrac{400}{129} = 3.1007\cdots$ となる．N が小さい時にはかなりばらつきが目立つが，確かに次第に π に近い値が見えてくる．この程度だと楽しいが，1000 回を超えるときついだろう．また交わっているかいないか，判断に迷うこともある．これも回数を増やすのなら，コンピューターでプログラムを組むとよいだろう．なお，前述の清真高校大津ゼミの平山統万君（当時高 1）は 74 ミリメートル幅のフローリング上で，65 ミリメートルの楊枝を 48 本づつ 15 回投げたところ，交差した楊枝の本数は次のようになったという．

31, 25, 25, 28, 29, 27, 27, 23,

22, 29, 29, 29, 28, 27, 25,

以上累計 404 本／720 本,

これから計算すると，π の近似値として $3.1366\cdots$ が得られた．誤差は 0.2% 以内と，円周率の良い近似値が得られている．

コラム4：ビュフォンの針

🌿 ビュフォン

　§7に述べた通り，針を投げて円周率の近似値を求める方法が18世紀に発見された．フランスの博物学者ビュフォンが考えたので，「ビュフォンの針」と呼ばれる．

　ビュフォンの本名はジョルジュ–ルイ・ルクレルクで，裕福な家庭に生まれた．ビュフォンの母に入った莫大な遺産で，父ベンジャミンはフランス中東部のモンバールと近くの小村ビュフォンの領主となり，ディジョンに移ってブルゴーニュ地方の名士になった．ジョルジュは20歳の頃からビュフォン伯と名乗るようになり，母の遺産でモンバールに邸宅を構え，夏をそこで過ごした．王立植物園長を務めながら，生涯にわたって大著『博物誌』を書くかたわら，ニュートンの『流率法と無限級数』の翻訳もした．微分積分学を確率論に適用して成果を挙げたが，その過程で積分計算によって，「ビュフォンの針」の定理を発見した．若い頃に考え，1777年に論文 "Sur le jeu de franc-carreau" をまとめた．

ビュフォンの定理

　平面上に書かれた間隔 D の何本かの平行線の上に，長さ L の針を投げ落とす．このとき投げた回数 N と針が平行線と交わった回数 C を数える．このとき，針が平行線と交わる確率 $\dfrac{C}{N}$ は，試行回数 N を増やすと $\dfrac{2L}{\pi D}$ に近付く．

　そこで本文に書いたとおり，円周率 π が次の式で計算できる：

$$\pi \fallingdotseq \frac{2LN}{CD}.$$

――――（コラム4　終）――

問 1.1
円形のカンに糸を巻きつけて，長さと直径を測れ．その値から π の近似値を求めよ．

問 1.2
方眼紙にコンパスで四分の一円を描き，完全に円内に含まれる正方形と，円と共有点を持つ正方形の数を数えて π の近似値を求めよ．

問 1.3
§7 に述べたやり方で，針を投げて π の近似値を求めよ．

問 1.4
本文にも書いたが，コンピューターを使って問 1.2，問 1.3 のやり方で π の近似値を求めるプログラムを作れ．

問 1.5
本文に書いた以外の方法で，π の近似値を求める方法を工夫せよ．

問 1.6

数独

3		4	5		2	6	8	
	1			9			5	3
				1		2		
5	3				6		9	4
7	6			4	3		1	5
		8	1					2
1	2			6			4	
		5		3				
		9		8	5	1	3	

第2章

円を作る

あらゆる時代を通じて，円の直線化すなわち円の正方形化ほど魅惑を及ぼした問題は恐らくないだろう．そして奇妙なことに，それは数学者に劣らず（多分それ以上に）非数学者を惹きつけたのである．」(Heath 著『History of Greek Mathematics』; Dover)

コンパスを使う神（13世紀の写本）

§8 シャボン玉遊びで真円を作る

🌿 シャボン玉

　子供の頃にシャボン玉で遊んだ．麦わらストローの先をシャボン液に浸けてそっと息を吹き込むと，ふわふわと頼りないシャボン玉の風船が舞い上がる．時には屋根あたりまで上がるのだが，パチンと割れて終わりになる．飛ばずに壊れることもあり，大きさも様々でしばらく楽しんだものだ．そのうちにストローの口が変形してできなくなり，終わりになるのだった．

🌿 針金と糸で不思議を実感

　今は中性洗剤で簡単にシャボン液が作れるので，これを使って真円を作ってみよう．シャボン玉のときとは違って，少し深さのある容器にシャボン液を作る．針金を曲げて取っ手付きの輪を作り，その容器に入る大きさにする．針金の輪に入る大きさに糸の輪を作り，9の字を作って糸の先端を針金にしばる．針金の輪の中に糸の輪を置き，シャボン液によく浸ける．針金を容器からそっと持ち上げると糸の輪と一緒にシャボンの膜が出来る．糸の輪の真中を指や楊枝の先で突いて割ると，糸は一瞬にして円を描く．
　原理は簡単だ．表面張力のためにシャボン膜が最小の面積になろうとする結果，割られた部分の面積が最大になるのである．与えられた長さを周に持つ図形で最大面積になるのは円であったから，糸の輪は一瞬で円を作るのだ．原理を知っていても，糸の中のシャボン膜を割った瞬間にパッと円が現れるのはじつに感動的である．

§8　シャボン玉遊びで真円を作る　35

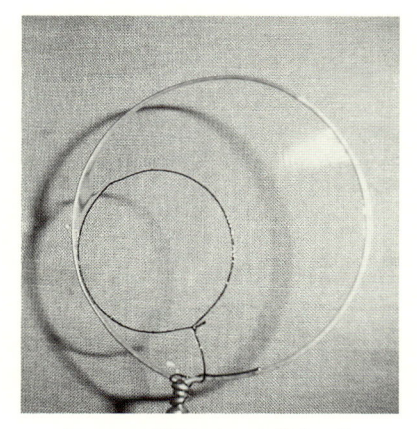

図 2-1　真円になった黒糸の輪

🌱 現実的な応用

　なお，面積を最小にしようとするシャボン膜の性質を使って，立体の極小曲面の研究をすることもあり，さらにそれが建物の設計や屋根の形などに実際に応用されたこともある．任意に与えた境界を持つ極小曲面の存在は，ラグランジュ（Joseph Louis Lagrange；1736-1813）が提起（1760）して以来の難問であったが，19世紀にベルギーの物理学者プラトー（Joseph Plateau；1801-1883）がシャボン膜を使って深く調べたために，「プラトー問題」と呼ばれるようになった．1930年代にこの問題を一般的に解決したダグラス（Jessl Douglas；1897-1965）は1936年に第1回のフィールズ賞を受賞した．

　どのような境界を与えても，いつもシャボン液が一瞬で答を出すのを見ると，驚きを超えて感動すら感じる．人間が微分積分学を使ってやっと見付ける解答を毎回楽々と出すのである．この方法によって初めて発見された極小曲面もある．

　立体のシャボン膜を使って平面の問題を解くことも出来る．例えば透明な平面を平行に置き，いくつかの垂線で2平面をつなぐ．

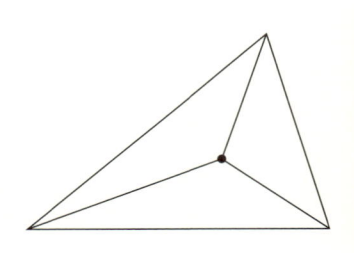

図 2-2　3 点を結ぶ最短のパイプライン（三角形内の 3 線分が交わる点がフェルマー・ポイント：写真は 東海大学付属 仰星高校 米倉氏撮影）

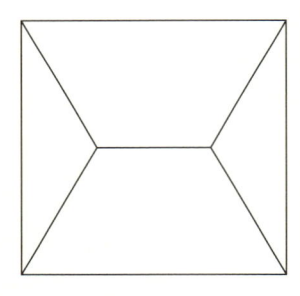

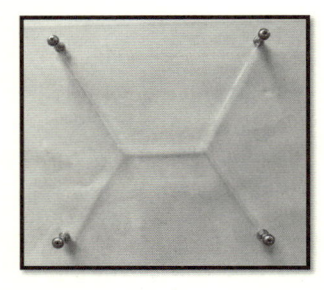

図 2-3　正方形の 4 点を結ぶ最短のパイプライン（写真は同上）

　全体をシャボン液に浸してから持ち上げると，極小曲面が作られる．これを平面の上から見ると，平面上の垂線の位置にあるいくつかの点のすべてをつなぐネットワークのうちで，最短のものが見つかるのである．最短ネットワーク問題は都市における交通網や，工場におけるパイプラインの設置などを考えるときにとても重要である．

　元北海道大学の中垣教授らのグループは，鉄道網など都市のインフラ整備を行う際に，真正粘菌を用いて輸送効率に優れたネットワークを設計する研究を行い，2010 年のイグ-ノーベル賞を受賞した．人間が変分学などを用いてようやく解決する問題を，シャボン膜や真正粘菌があっという間に見付けるのは人間としては悔しいが，自然界の仕組みというものはそれだけ深いのであろう．

図 2-2 と図 2-3 は三角形の頂点と正方形の 4 頂点をすべて結ぶネットワークで最短になるものである．内部の直線たちは，この場合すべて 120°で交わっている．三角形のときには，この点をフェルマー・ポイントと呼ぶ．

§9　コンパスで円を描く

♣ コンパス

　学校でコンパスを使ったのはもう随分昔のことだ．小学校のときは鉛筆で，大学では「製図」の時間に墨入れで描いたが，なかなかうまく描けなかった記憶がある．円が「定点からの距離が一定な点の軌跡」と定義されているので，その定義通りに円を描く道具がコンパスである．

図 **2**-4　コンパス，"A Textbook on Ornamental Design"(1901) より

🌿 正六角形の驚き

作図を定規とコンパス（すでに古代バビロニア時代にあったという）だけに限ることにしたのはプラトンだが，その時代にはどんなものを使っていたのだろう？　ここで言う定規は 2 点を通る直線を描くために，コンパスは与えられた中心と半径の円を描くためだけに用いるのである．そこで例えば正六角形は，次のようにとても簡単に描ける．まず一つの円を描き，円周上の一点を中心とする同じ半径の円が元の円周と交わる点を取り，その交点から始めて今と同じことをしていくと，6 回目に最初の円周上の点にぴたりと一致する．これらの 6 点を線分で結べば良いのである．6 回目でピタリと元に戻ることをここで "正六角形の驚き" と表現したが，3 辺の長さが等しい三角形はもちろん正三角形で，どの内角も 60° だから，1 点の周りに 6 個を並べるとちょうど 360° になるのは当然だ．こうして正六角形が作図できると，素晴らしい定理が示せる．

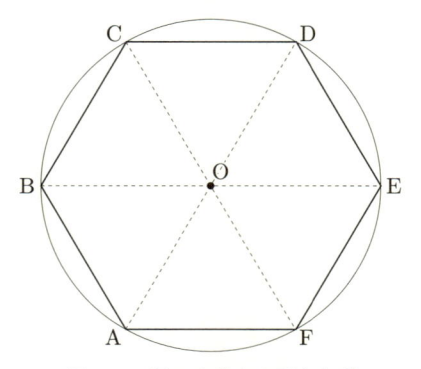

図 2-5　円に内接する正六角形

定理 2

円周率 π は 3 より大きい．すなわち，$\pi > 3$．

[証明]　円の半径を r とし，円周の長さを L，直径を $D = 2r$ と書

くと，正六角形の周長が $6r$ で，これは明らかに円周の長さ L より小さいから，$6r < L$．これを直径 D で割ると，$\dfrac{6r}{D} < \dfrac{L}{D}$ となる．左辺 $= 3$ であり，右辺は定義によって $= \pi$ になる．よって $3 < \pi$ という不等式が証明された． □

　昔から 3 より少し大きいようだが，その正確な値は分からず困っていた円周率 π であるが，3 より大きいことがこんなにも簡単に，また確実に証明されるのだ．これを思いついた人は，古代最大の天才と言われるアルキメデス（Archimedes；前 287-212）である．今からおよそ 2250 年前の人だ．この人のやったことは，他にもたくさんあるが，どれをとっても今から見ても感動するようなことばかりだ．$3 < \pi$ の続きは第 II 部で話すことにしよう．

問 2.1

取っ手のある円形に曲げた針金の内側に，小さく括った糸を入れ，9 の形の先端を針金に結ぶ．その全体をシャボン液につけた後で括った糸の中のシャボンを割って，一瞬で真円ができる様子を確かめよ．

問 2.2

コンパスで円を描き，同じ半径のまま円周を順に切って行き，6 回目にピッタリ最初の点に戻ることを確かめよ．

コラム5：古代ギリシアの三大作図問題

🌿 古代ギリシアにおける証明の発見

前5世紀頃，数学史上の大きな変革が起きた．これが世に名高い「古代ギリシアにおける証明の発見」である．古代オリエントから豊かな遺産を受け継いだ古代ギリシア人は，すべてを証明しなければ納得しない，という一風変わった人たちで，いわゆる「論証数学」を始めたのである．ギリシアは前480年にはサラミスの海戦で大国ペルシアを打ち負かして大いに意気が上がった．この時代には文化的にも大きな高揚を見せ，古代ギリシアでは，今なお感動を与え続けるギリシア悲劇の数々が書かれ，ペリクレス時代にはパルテノン神殿も再建されたのだった．

図 2-6　アクロポリスの丘に立つパルテノン神殿（ギリシア）

🌿 三大作図問題

この頃数学の面でも，ソフィストと呼ばれる人たちは「三大作図問題」と呼ばれる難問に挑戦していた．ピュタゴラス派の中にも数学研究を始めた人たちが出てきて，また一方ではエレア派の人たち

が，「アキレスは亀に追いつけない」，「飛んでいる矢は止まっている」などの"ゼノンのパラドックス"を提出して，皆を困らせていた時代である．「三大作図問題」とは，次のような問題であった：

(1) 立方体の体積を立方体のまま 2 倍にする「**立方体倍積問題**」別名「**デロスの問題**」，
(2) 円の面積に等しい正方形を作図せよ，という「**円の正方形化問題**」＝「**円積問題**」，
(3) 任意に与えた角を 3 等分せよ，という「**角の 3 等分問題**」．

プルタルコスが伝えるところでは，不敬罪で獄中にあったアナクサゴラス（Anaxagoras；前 499-428）が「円積問題」を考えたのに始まるという．前 5 世紀終わりには，アリストパネスの喜劇『鳥』の中に「円の正方形化」を揶揄するような場面が出てきて，当時良く知られた問題であったことが分かる．いずれも難問だが，様々な曲線が導入されて次々に解くことが出来るようになった．前 425 年頃にヒッピアス（Hippias；前 c.460-c.400）の「**円積曲線**」（最近の研究で，前 3 世紀後半に活躍した同名の別人の可能性もある），前 4 世紀中頃にメナイクモス（Menaechmos；前 c.380-c.320）の「**円錐曲線**」，前 3 世紀に「アルキメデスのスパイラル」，前 2 世紀にニコメデス（Nicomedes；前 c.280-c.210）の「コンコイド」，同じく前 2〜1 世紀にディオクレス（Diocles；前 c.240-c.180）の「シッソイド」など実に多彩である．

🍃 円積曲線で（2）と（3）を解く

ヒッピアスの「円積曲線」は，正方形 ABCD の上辺 BC にあった線分 ST が，一定のスピードで平行移動して AD まで降りてくるときに，AB に重なっていた動径 AQ が，A を中心にしてやはり一定の角速度で回転しながら，ST が下まで降り切るのと同時に AD

に重なるときに，線分 ST と動径 AQ の交点 P が描く軌跡である．

これを使えば (3) は簡単に解ける．任意の角度を ∠QAD とするとき，動径 AQ に対応する線分 ST を引き，AS の 3 等分点に対応する曲線上の点 M を取れば，AM が求める角の 3 等分線になる．

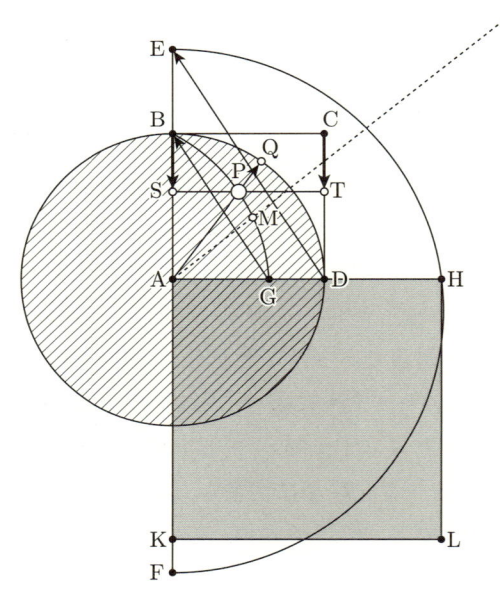

図 2-7　ヒッピアスの円積曲線を用いた角の 3 等分と円の正方形化

(3) を解くには次のように作図をすればよい．円積曲線と底辺 AD との交点を G とし，GB に平行に直線 DE を引き，直線 AB との交点を E とする．AB 上で B と反対側に AF = 2AB となる点 F を取る．EF を直径とする半円 EHF を描き，AD の延長との交点を H とする．AH を一辺とする正方形 AHLK が求めるものである．

この方法のポイントは，AG : AD = 2 : π になるところである．今なら便利な記号が使えて難しくはないが，当時どのようにしてこれに気付いたものか，素晴らしいことだ．以下において，角度は

主に弧度法を用いる．これは単位円の弧の長さによって対応する中心角を表す方法で，円周全部で $360° = 2\pi$ となる．したがって，$180° = \pi$，$90° = \dfrac{\pi}{2}$，$60° = \dfrac{\pi}{3}$，$45° = \dfrac{\pi}{4}$，$30° = \dfrac{\pi}{6}$ などと書ける．

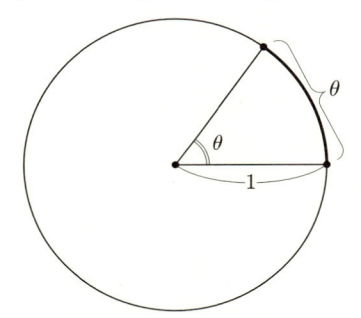

図 2-8 弧度法は単位円の弧長で角度を測る

円の半径を a とすると，円積曲線の方程式は，

$$x = (a-t)\tan\frac{\pi t}{2a}, \quad y = a - t \quad (0 \leqq t \leqq a)$$

と書けるので，$s = a - t$ と書くと，

$$x = s \cdot \cot\frac{\pi s}{2a} = s \cdot \frac{\cos\dfrac{\pi s}{2a}}{\sin\dfrac{\pi s}{2a}},$$

$$y = s \quad (0 \leqq s \leqq a)$$

となる．ここで s を 0 に近づけると，$\cos\dfrac{\pi s}{2a} \to 1$ となり，

$$\dfrac{s}{\sin\dfrac{\pi s}{2a}} = \dfrac{2a}{\pi} \cdot \dfrac{\dfrac{\pi s}{2a}}{\sin\dfrac{\pi s}{2a}}$$

は，一般に $\theta \to 0$ のとき，$\dfrac{\theta}{\sin\theta} \to 1$ となるので，$x \to \dfrac{2a}{\pi}$ となる．これは高校の数学Ⅲでも出てくるが，きちんとした証明は大学の理工系の講義で扱われることがらで，少し難しいところだ．

簡単に説明しよう．円弧の頂点から下の半径に垂線を下ろすとき，弧と垂線の比が $\dfrac{\theta}{\sin\theta}$ であり，$\theta \to 0$ のとき $\dfrac{\theta}{\sin\theta} \to 1$ とな

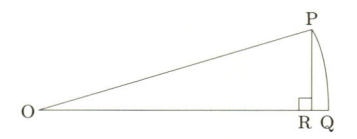

図 2-9　垂線を下ろすとき弧と垂線の比は 1 に近づき，底辺→半径となる

る．また，円の中心から垂線の足までの長さが $a\cos\theta$ なので，これは a に近づくのである．明らかにこの章のレベルを超えているので，この部分の議論が分からなかったら「そんなものか」と思っていただきたい．そんなことよりも，この比の極限が古代ギリシアで正確に求められており，それを背理法で厳密に証明していたことに驚かされる．

　この極限値に対応する点が上図の点 G であり，GB // DE によって，$\mathrm{AE} = \dfrac{\pi a}{2}$ となるのである．したがってこの長さに $\mathrm{AF} = 2a$ を掛けると半径 a の円の面積になる．AE と AF との積の平方根は，EF を直径とする半円において A から EF に垂線を引き，円周との交点を取ればよいことは，デカルトが『幾何学』(1637) で教えるところである．

　この素晴らしい作図を考えたのは，一般にディノストラトゥス (Dinostratus；前 4 世紀半ば；メナイクモスの兄弟) とされているが，ヒース教授はヒッピアスの業績を伝えるパッポスやプロクロスたちの言葉に混乱があることを指摘し，それらを総合的に判断するとヒッピアス自身の可能性もあると述べている．

🌿 円錐曲線で (1) を解く

　前 5 世紀の中頃，それまでに見つかっていた定理群に自らの発見を付け加えて，数学を体系的にまとめた最初の『原論』を書いたと伝えられるキオスのヒポクラテス (Hippocrates of Chios；前

c.470-c.410) は，立方体倍積問題を書き換えた．$x^3 = 2a^3$ となる x を見付ける問題に「比例中項」を挿入して，$a : x = x : y = y : 2a$ としたのだ．これは，$x^2 = ay$, $y^2 = 2ax$ と同値で，これにより，作図問題（1）はこれを満たす x と y の作図に帰着したのである．

　紀元前4世紀半ばに活躍したメナイクモスは，円錐を平面で切ったときに現れる切り口である「円錐曲線」を導入して（1）を解くことに成功した．円錐曲線は**楕円**（**ellipse**），**放物線**（**parabola**），**双曲線**（**hyperbola**）からなり，現在の記号では，x, y の2次式で表される「2次曲線」と同義である．ヒポクラテスの書き換えによれば，これは2つの放物線の交点として求められることが分かる．これらの美しい曲線群も当時の超難問を解くために導入されたのだった．

🍂 その他の曲線たち

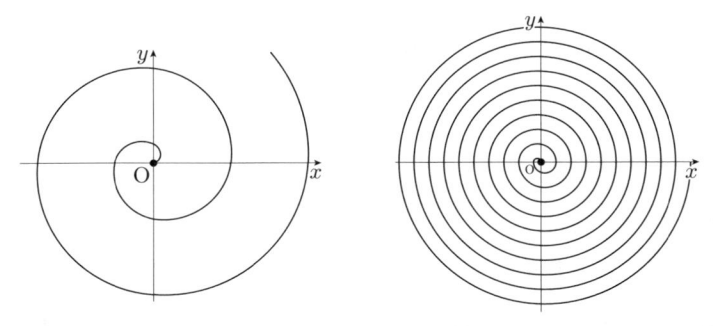

図 2-10　アルキメデスのスパイラル，中心付近（左）と10回転したもの（右）

　アルキメデスのスパイラル（spiral of Archimedes）という曲線は，原点の周りを一定のスピードで回転する半直線の上を，原点から一定のスピードで遠ざかっていく点の描く曲線で，極座標では，$r = k\theta$ と簡単に表される．原点からの距離が回転角に比例してい

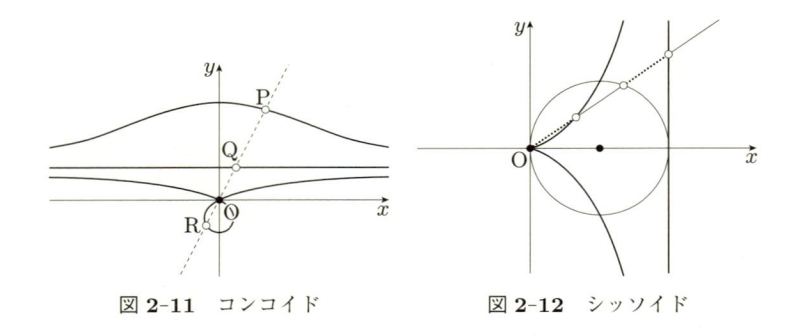

図 2-11　コンコイド　　　　図 2-12　シッソイド

るので，角の 3 等分なら原点からの距離が $\frac{1}{3}$ になる曲線上の点を見つければ良いことになる．

　ニコメデスのコンコイド（**conchoid**）は定直線 ℓ とその上にない定点 O があって，定点 O と直線上の点 Q を結んだ直線上に QP ＝一定となる点をとったときの点 P の軌跡である．点 P を OQ の延長上にとった場合と，反対側にとった場合で形が異なる．

　原点 O で y 軸に接する円があるとき，y 軸に平行なもう 1 本の接線上の点 Q と O を結び，円周との交点を R とする．半直線 OQ 上に OP ＝ RQ となる点 P をとるとき，点 P の軌跡が「シッソイド（**cissoid**）」である．

🌱 プラトンの条件

　プラトンは機械的な曲線を使うことを嫌い，作図問題を直線と円だけで解くように主張した．作図の手段にこのような制約を加えると，問題は途端に難しくなるのだった．それもそのはず，これらの問題はいずれもこの条件の下では解けないことが，何と 2000 年以上後になって 19 世紀にようやく証明されたのだ！　数学の営みとはかくも息の長いものなのである．

―――（コラム 5　終）―――

第 II 部
円周率を知る
基礎編

その円を測ろうとし，精魂かたぶけ刻苦し，しかもいかに思いめぐらしても，おのれの必須とする手がかりの原理の，見つからぬ幾何学者，
げにそれにも似ていた，…（ダンテ『神曲』天国篇，第33歌；寿岳文章訳）

第3章

歴史の中の円周率

　もしも最初から自然界には正確な直線も，本当の円も，絶対的な大きさも存在しないと分かっていたら，数学は，存在することはなかったであろう．（ニーチェ；『人間的，あまりにも人間的』）

ラファエロ「アテネの学堂」の一部
（コンパスを使うエウクレイデス（またはアルキメデス））
（ヴァチカン宮殿，署名の間，1510頃）

§ 10　古代の円周率

🍀 古代文明における円周率

　遅くとも車輪が発明された5500年前からは，円周と直径の比例関係は知られていたに違いない．その比が3に近いこと，しかし3より少し大きいことの認識はあっただろう．そんな大昔に，古代のメソポタミアやエジプトにおいてかなり良い円周率が求められていたことは特筆に価する．どの文明圏においても，日常生活ではこの後も長く，課税計算なども含めて円周率＝3で済ませていたのだから．古代中国でも漢代の数学書『九章算術』に「周三径一を率となす」という言葉が出てくる．聖書にも「彼[ソロモン]はまた鋳物の「海」[祭司が身を清めるための水桶]を造った．直径10アンマの円形で，高さは5アンマ，周囲は縄で測ると30アンマであった．」(『旧約聖書』，歴代誌 下4.2；列王記 上7.23にもほぼ同じ記述がある．アンマはヘブライ語で，古代エジプトの肘尺（ショート・キュービット）と同じ．1アンマ ≒ 45センチメートル）とあって，$\pi = 3$ を示している．

　それより1000年以上前に古代エジプトのリンド・パピルスの問題50では，直径が9の円の面積は一辺が8の正方形の面積に等しい，として計算しており，ここから逆算すると，彼らが円周率

図 3-1　リンド・パピルス，問題50（Gazalè, "NUMBER, From Ahmes to Cantor", Princeton UP）

§10 古代の円周率　51

$\pi = \dfrac{256}{81} = 3.16049\cdots$ としていたことが分かる．同じ頃の古代バビロニアでも，スーサ出土の粘土板に，逆算すると，円周率 $= \dfrac{25}{8} = 3.125$ としていたものがある．誤差はそれぞれ $+0.602\%$ と -0.529% という素晴らしい値である．ここまでは割合に良く知られていることである．ところが最近になって，バビロニア数学解読の第一人者室井和男さんが，今から 4000 年近く前に，何と $\pi = 3.15$ が使われた可能性があることを発見した！　この場合の誤差はわずか $+0.268\%$ になる．数年前の「プリンプトン 322」の完全解明に続くバビロニア数学のミッシングリンクの発見かも知れず，ノイゲバウアーが「私たちはバビロニア幾何学の真のカギを未だ見つけていない」と嘆いた謎の解明に大きな一歩を進めたのである．これはノイゲバウアーも首をかしげた粘土板の完全解読に成功したことで得られた知見である．しかし，これは話が専門的になるので，コラムで説明することにしよう．

コラム6：古代バビロニアにおける円周率

🌿 弓形の面積公式

ここでは室井さんの論文 "Mathematics Hidden Behind the Practical Formulae of Babylonian Geometry" の要点を説明する．

šà　níg-šid　nu-zu　šà　igi-gál-tuku
心と　計算する　知らない　心　知恵　持つ

論文の最初に，室井さんは計算が好きで計算出来ることを誇りにしていたシュメールの書記たちが，現実的な問題よりも，数の理論とか方程式を解くこと自体に興味を持っていたと述べる．さらに，

52 第3章 歴史の中の円周率

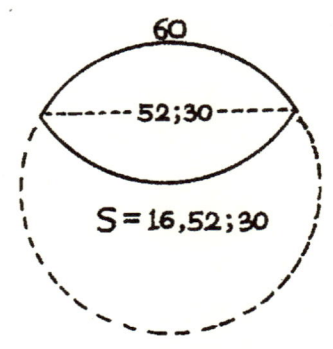

図 3-2 牛の目（室井論文より）

　古代バビロニアにおいて式変形による「代数学的な証明」が行われていたことを報告した後に，古代バビロニアにおける円周率についての分析に入る．取り上げるのはノイゲバウアーが解読した粘土板（BM85194）である．弧の長さ 60，弦の長さ 50 の弓形（円を線分で切り取った三日月形）の面積を求める次の問題が扱われる．

　　三日月．円 [弧] が 60 (1；), 分ける線が 50. 面積 [は]？
　　君：円 [弧] の 60 は 50 をいくつ超える？ 超過は 10. 50 に 10 を掛ける．君は 500 (8；20) を見る．[円弧の超過]10 を 10 に掛ける．君は 100 (1；40) を見る．100 を 500 から引く．君は 400 (6；40) を見る．[これが] 面積．
　　（ただし，[ ] は欠落の補足であり，(*；**) はノイゲバウアーによる 60 進法表記法で，；が小数点を表す．）

　まず書き間違いを訂正し計算の省略を補った後，室井さんはいつものように面積の計算過程を明らかにして行く．

　弧の長さ 60，弦の長さ 50 のとき中心角は約 118° であり，弧の長さ 60，中心角 120° とすると弦の長さは約 49.62 になる．そこで円弧の中心角は 120° とする．ここで $\pi = 3$, $\sqrt{3} = \dfrac{7}{4}$（これらはバビロニアで一般的に使われていた π と $\sqrt{3}$ の近似値）を使うと，弦の長さが 52.5，弓形の面積は 506.25 になる（正確な数値は

506.0622…）．この弦の長さと弓形面積の2倍（60進法で52；30 と 16,52；30）が"牛の目"と呼ばれる図形の表にあることを発見したのである！ これは牛の目と呼ばれる弓形の計算が，実際このように行われたことを強く示唆するものだ．今回も，ほとんどが無駄になるたくさんの計算を実行し，その中の一つが見事なヒットを生んだのだった．これにより，弓形面積の計算方法が恐らくついに解明されたのである．

彼はさらにもう一歩踏み込んだ推論を続ける．ここで「$\pi = 3.15$」と置いてみると，弦の長さはちょうど50になり，弓形面積は500になるのである！！ したがって中心角120°の時に一般的に成り立つ面積公式，$S = b(a-b)$（ここで $a =$ 弧の長さ，$b =$ 弦の長さ）が得られることが分かったのである．すなわち，ノイゲバウアーが首をかしげた粘土板の $S = b(a-b) - (a-b)^2$ という面積公式も，計算で使ったと思われる $S = b(a-b) - \frac{1}{2}(a-b)^2$ も共に書き間違いであった．そして碩学ノイゲバウアーが「まだ見つけていない」と嘆いた真のカギは「$\pi = 3.15$」なる値にあった可能性が急浮上したのである．プリンプトン322の完全解読に続き，またもや地味な「発見」を成し遂げた室井さんに大感謝！

───（コラム6 終）───

§11 円周率を科学にした男アルキメデス

円周率を科学にした男

$\pi = 3.14$ を確定して円周率を科学にした男が現れた．古代最大の天才アルキメデスである．彼は円に内接する正多角形と外接する正多角形の周長と円周を比較することにより，

$$\frac{223}{71} = 3.140845\cdots < \pi < \frac{22}{7} = 3.142857\cdots$$

という評価式を得て，$\pi = 3.14$ を確定したのである．これによって彼は円周率を科学にしたのだった．アルキメデスは正 96 角形を用いてこの不等式を出したが，円に内接および外接する正多角形を用いるこのやり方は，その後何と 2000 年近くもの間，円周率を科学的に扱う唯一の方法であり続けた．

　古代ギリシアにおける円周率計算の先駆者としては，前 5 世紀のソピストであるアンティポン（Antiphon；前 480-411）とブリュソン（Bryson of Heraclea；前 c.450-c.390）がいる．アンティポンは円に内接する正多角形を考え，角数を大きくしていくことによって円の面積に近づくとした．これが，後にエウドクソス（Eudoxos；前 390-337）が整理し，アルキメデスが完成させる "取り尽し法（method of exhaustion）" の最初の適用例と言われることがある．同時代のブリュソンは円に正多角形を内接させた後で，さらに外接させたと伝えられる．この話が真実なら，彼は初めて円周率を 2 つの値の間に挟み込んだことになる．素晴らしい業績である．しかしこの時代の常で，いずれも直接の文献はなく，アリストテレスなどが伝える情報である．

アルキメデスと円周率

　ここで第 2 章 §9 で述べた，アルキメデスによる円周率 $\pi > 3$ の話に続けて，$\pi \fallingdotseq 3.14$ を確立するまでを説明しよう．天才アルキメデスの見事なアイディアによって，子供の頃に有無を言わさずに覚えさせられた **3.14** という不思議な値の謎が，中学生や高校生でも理解できる形で解き明かされる，という感動の物語だ．

　半径 r の円 O に内接する正六角形 ABCDEF を考える．明らか

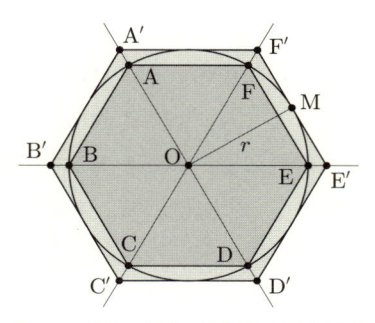

図 3-3　円に内接・外接する正六角形

に △OAB たちは正三角形なので，AB = BC = ⋯ = EF = FA = r，よってこの正六角形の外周は $6r$ となる．円周の長さを L とすると明らかに $L > 6r$ であり，直径 $d = 2r$ で両辺を割ると，

$$\pi = \frac{L}{d} > \frac{6r}{2r} = 3$$

となって簡単に $\pi > 3$ が得られたのだった．

次に今の内接正六角形の外側に外接正六角形 A′B′C′D′E′F′ を考える．E′F′ の中点を M とすると，E′F′ は M で円 O に接している．従って，OM = r，∠OME′ = ∠OMF′ = 90°，∠E′OM = 30° になる．これより，E′M = $r\tan 30° = \frac{r}{\sqrt{3}}$ となり，E′F′ = $\frac{2r}{\sqrt{3}}$ であることが分かる．そこで外接六角形の外周は $\frac{6 \times 2r}{\sqrt{3}} = 4\sqrt{3}r$ になる．これは円周 L よりも長いので，$L < 4\sqrt{3}r$ となり，両辺を直径 $d = 2r$ で割って，$\pi = \frac{L}{d} < \frac{4\sqrt{3}r}{2r} = 2\sqrt{3} = 3.46410\cdots$ となる．こうして逆向きの不等式が得られ，上の不等式と合わせて，$3 < \pi < 2\sqrt{3}$ が確立した．「およそ 3 だけど 3 より少し大きい」というはっきりしない円周率が 2 つの値に挟まれたことになる．これこそ円周率が "科学" になった瞬間である．天才のインスピレーションがキラリと輝くとき，そこに感動が生まれ，歴史が動くのである．

ただし，この証明には説明不足のところがある．アルキメデスは図を描いて，外接正六角形の周の方が内側の円周よりも長いことは直感的に明らかである，としたが，この説明にはどこか腑に落ちない思いをする方が，私以外にも，いるのではないだろうか？ 私は次のように面積を比較することによって，外接正六角形の面積の方が内側の円の面積よりも大きいという理由で，$\pi < 2\sqrt{3}$ を納得したのだった．半径 r の円に外接する正六角形の面積は，

$$6 \times \frac{2 \times r\tan 30° \times r}{2} = \frac{6r^2}{\sqrt{3}} = \pi r^2 < 2\sqrt{3}r^2$$

であり，円の面積 πr^2 と比較して $\pi r^2 < 2\sqrt{3}r^2$，すなわち $\pi < 2\sqrt{3}$ が得られるのである．

アルキメデスは更に前に進んだ．正六角形の各辺の中心角を半分にするとどうなるかと考えて，不等式を改良していく．2等分，2等分，…と繰り返して4回目に正96角形に達し，彼は

$$\frac{223}{71}(= 3.140845\cdots) < \pi < \frac{22}{7}(= 3.142857\cdots)$$

を得たのである．アルキメデスの命題「任意の円の周は，直径の3倍よりも大きく，その超過分は直径の $\frac{1}{7}$ よりは小さく，$\frac{10}{71}$ よりは大きい．」（『円の計測』命題3）がこれを表現している．こうして円周率 π が3.14で始まる数であることが確定したのである．今から2250年も昔の話だ．

彼は『円の計測』の命題1において，「円の面積は半径と円周が作る直角三角形の面積に等しい」と述べて円の面積を円周の長さに還元した．この事実は次のコラム7に書いたケプラー（Johannes Kepler；1571-1630）の図3-6を見ると納得できるだろう．このことから大事な事実が分かる．§1で述べた通り，円周の長さは直径に比例し，その比例定数が円周率 π であった．一方エウクレイデスの『原論』第12巻命題2に，「円[の面積]は互いに直径上の正

方形 [の面積] に比例する」(XII, 2) とあって，円の面積が半径の 2 乗に比例することを主張している．この 2 つの比例関係の比例定数が実は一致するのである．私たちは学校で，半径 r の円周の長さは $2\pi r$，円の面積は πr^2 と教わり，何の疑問も持たないが，「円周率」をきちんと考える時にははずせないポイントである．これを定理としておこう．

定理 3

円周率（半径 r の円周の長さと直径の比）π を用いると，この円の面積は $S = \pi r^2$ である．

これによって，円積率 $\times 4 =$ 円周率 であることも確定するのである．さすがにアルキメデスはつぼをはずさない．

辺数を 2 倍にしたときの周の長さについて次の定理が成り立つ．内接の場合は直接表すのも簡単だが，内接と外接を共に扱う場合は定理 5 のようにまとめる方が見やすい．証明は章末問題に回そう．

定理 4

半径 r の円に内接する正 n 角形の周の長さを l_n とすると，
$l_{2n}^2 = 4nr\{2nr - \sqrt{4n^2r^2 - l_n^2}\}$.

定理 5

半径 r の円に内接する正 n 角形の周の長さを l_n とし，外接する正 n 角形の周の長さを L_n とすると，
$$l_{2n} = \sqrt{l_n L_{2n}},$$
$$L_{2n} = \frac{2l_n L_n}{l_n + L_n}.$$

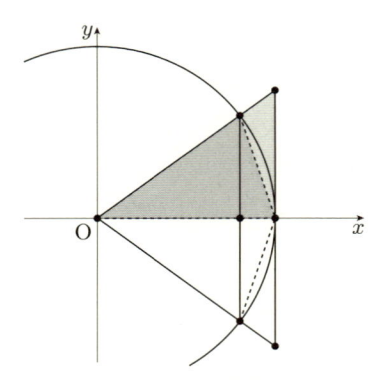

図 3-4 正 n 角形の一辺に垂線を引き正 $2n$ 角形を作る

これらの定理を使うと，上述のように $n = 6$ のとき，$l_6 = 6r$，$L_6 = 4\sqrt{3}r$ なので，

$$l_{12}^2 = 24r(12r - \sqrt{144r^2 - 36r^2}),$$
$$= 144(2 - \sqrt{3})r^2 = 72(\sqrt{3} - 1)^2 r^2,$$

∴ $l_{12} = 6(\sqrt{6} - \sqrt{2})r$ となる．また定理 4 より，

$$L_{12} = \frac{2 \cdot 6 \cdot 4\sqrt{3}r}{6 + 4\sqrt{3}} = 24(2 - \sqrt{3})r$$

となり，したがって，円周率は（直径 $2r$ で割って），

$$3(\sqrt{6} - \sqrt{2}) < \pi < 12(2 - \sqrt{3})$$

となる．小数で書くと，

$$3.10582\cdots < \pi < 3.21539\cdots$$

である．こうしてみると，正多角形の辺数を 2 倍にしていくとき，円周率が次第に良い値で挟まれていくことが実感できるであろう．

コラム 7：時代を超えた天才アルキメデス

すべての幾何学において，彼がとりあげたものよりもさらに難しくこみいった問題とか，彼がなしたのよりもっと簡単でわかりやすい証明を見つけることは不可能である．この理由を彼の天才に帰する人もいるが，一方では信じられないほどの努力が，これらの結果を容易に，かつ骨を折らずに得られたように見せているのだと考える人もいる．（アーボー著，中村幸四郎訳『古代の数学』，河出書房新社）

アルキメデス

アルキメデスはシュラクサイ（現シチリア島のシラクーザ）で前287年頃に生まれ，恐らくアレクサンドリアで学んだ後に，生まれ故郷で活躍して前212年に死んだ古代最大の天才である．第2次ポエニ戦争のときにシュラクサイに攻め込んだローマ軍の一兵卒によって刺し殺されたという伝承から死んだ年を決め，75歳で死ん

図 3-5　アルキメデスの死（モザイク画）

だという別の伝承から生まれた年を推測している．

🌿 球の体積

　アルキメデスのアイディアの冴えは円だけにとどまってはいなかった．円を直径の周りに回転すると球が出来る．この球の表面積，体積をこれまた素晴らしいアイディアの連続で正確に計算したのである．史上初めて球の体積を求めることに成功した彼は，後年の傑作『球と円柱について』では精緻に，『方法』では「釣り合い」を交えて分かりやすく記述している．円の面積を円周の長さに還元した『円の計測』の命題 1（円の面積 $= \frac{1}{2} \times$ 半径 $\times$ 円周，上述）はケプラーの助けを借りて説明しよう（図 3-6）．円を何本かの直径で等分してそれらを横に並べる．まるで"チーズ"か"ケーキ"のようだ．下側の丸み部分を考えず，三角形の頂点を底辺に平行に動かして，同じ高さの左側の頂点一点に集中する．頂点を底辺に平行に動かしても面積は変わらないので，下の丸みを除いた部分

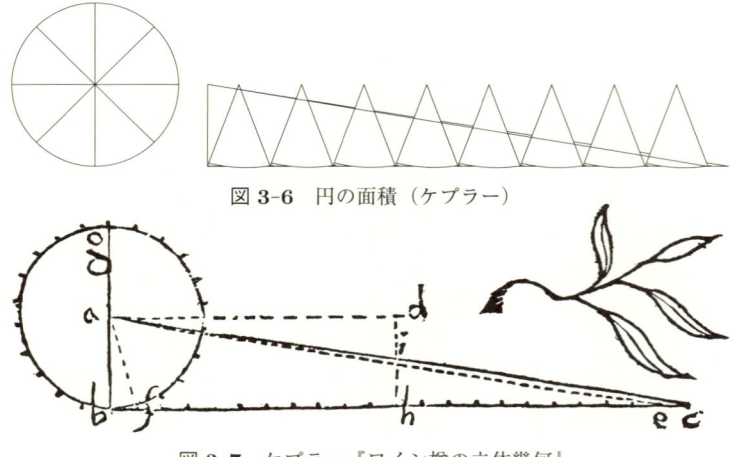

図 3-6　円の面積（ケプラー）

図 3-7　ケプラー『ワイン樽の立体幾何』

は一つの横長の三角形にまとまる．円を等分する直径を2倍，2倍…に増やして，分割を細かくしていくと，この三角形の高さは次第に元の円の半径に近づく．また丸み部分は，丸みが段々目立たなくなって最終的には円周の長さに近づいていく．ケプラーの本にある図は，円の中心 a の真下の点 b から横に円周 bc が描かれ，そのすぐ脇には丸みが残っている"チーズ"を並べた時の横幅が be になるように描かれている．なかなか味わい深い図である．アルキメデスは，このようにして最後に作った三角形の面積が円の面積に等しいことを厳密に証明するのだ．三角形の面積が円の面積よりも大きいとしても矛盾，小さいとしても矛盾が起きることを示すいつものやり方だ．このときの手際のよさが何よりもアルキメデスの天才を証明している．しかしケプラーはその証明を不要なものとして退け，すぐ後で行われる"微分積分学発見"の先駆者となったのである．そのときの言葉が「アルキメデスの茨の道を避ける」だった．アルキメデスもさすがなら，その1850年後のケプラーも素晴らしい！　こうして17世紀後半の「微分積分学発見」に向かって，時代は大きな盛り上がりを見せるのである．

さて，半径 r の球の表面積が $4\pi r^2$ であることを証明したアルキメデスは球の体積を次のように求めた．円の面積を求める時に，円周を細かく分割して円の中心と結んで作る"チーズ形"を並べたよ

うに，球の表面を分割して，球の中心と結んで作る錐を並べる．分割を細かくしていくと，球面部分は限りなく球の表面積に等しい平面に近づき，高さは球の半径に近づく．まるで生け花で使う剣山のようにとんがった細長い錐が並ぶので，とんがり部分を平行移動で一点に集めて錐の体積を変えないまま一つの錐にまとめると，最終的には球の表面積を底面とし，球の半径を高さとする錐にまとまる．錐の体積は，対応する柱の体積の $\frac{1}{3}$ であるという古代ギリシア以来知られていた公式にあてはめて，$\frac{4\pi r^3}{3}$ であると結論付けたのだった．すなわち，球の体積はその表面積を底辺とし，半径を高さとする円錐に等しいことを示して，球の体積を求めたのである．一方の『方法』では，思考実験で巧みにつりあいを考えて議論を進めていく．正に「天秤の魔術師」の面目躍如の場面だ．

🌿 アルキメデスのすごさ

上述の円周率や球の体積・表面積の計算などの他，放物線(パラボラ)を直線で切り取った切片の面積計算など，1900年以上も後の積分学に先駆ける見事な仕事の数々がある．さらに最近になって明らかになった組合せ論の計算などは現在の研究に近いもので，彼の時代を大きく超えるものであった．また釣り合いや浮力などの数学を応用する分野にも手を広げ，その上に揚水スクリューや投石器などの技術的な発明も多い．

比較的初期の著作『パラボラの求積』において，放物線を直線で切り取った放物線の切片の面積を求めた．この時エウドクソスが発見した"取り尽し法"と等比級数の和の公式を巧みに用いている．

🌱 『方法』再発見のドラマ

　アルキメデス晩年の著作『方法』は，20世紀の初頭にデンマークの古典学者ハイベア（Johan Ludvig Heiberg；1854-1928）によって，羊皮紙に書かれたC写本が発見された．羊皮紙は高価なので，古い羊皮紙の文章をこすって消した後に，新しい文書を書くことがあり，これを"パリンプセスト"といった．C写本は10世紀に書かれたアルキメデスの著作の上に，13世紀になって祈禱書が上書きされた"パリンプセスト"だった．幸いにも消え残ったアルキメデスの著作をハイベアが可能な限り解読して公表した中に，それまで全く知られていなかった『方法』があり，また書名だけが知られていた『ストマキオン』の一部が入っていたのだ．ところがその後間もなくC写本は再び姿を消してしまい，何と1998年に見る影もなく傷んだ姿でクリスティーズのオークションに現れたのだった．今度は幸い理解のある富豪に買い取られ，最先端の技術を駆使した解読・研究が可能になって，C写本をほぼ完全に解読することが出来た．その結果分かったことは古代ギリシア数学史の通説に反することだった．アルキメデスの晩年には明らかに"量"そのものに興味を示していたこと，また，ヒッパルコスの書いた大きな数（103,049）の意味が解明されたことによって，組合せ論がかなり高度に研究されていたことが分かったことなどだ．本文で述べた内容と合わせて，天才の直感は時に二千年の時間を超えて飛翔するものだということが分かる．（以上『数学セミナー』(2009.9)，拙稿「三大数学者」を書き換え．）

———（コラム7　終）———

§12 中国・インド・アラビアにおける円周率

古代中国における円周率

　これまでにも述べてきたように，どの文明圏においても円周率に対する関心は高く，様々な形の成果が得られている．古代中国において特筆すべきは，3世紀の劉徽（りゅう　き；c.220-c.280）と5世紀の祖沖之（そ　ちゅうし；429-500）である．魏呉蜀が鼎立した三国時代に活躍した魏の劉徽は，漢の時代に成立した古代中国のすぐれた数学書『九章算術』に注釈書を書いた（263年）．『九章算術』において $\pi = 3$ が使われていたことは前述したが，巻一「方田」の「円田」への注で，劉徽は「術に曰う；円の周の半分と直径の半分とを掛けて面積の歩を得る」と説明し，アルキメデスが『円の計測』命題1で述べた「円の面積は $\frac{1}{2} \times$ 半径 $\times$ 円周」と実質同じことを言っている．劉徽の興味は，円周率の真の姿を探求することにあり，円周と直径との比が，円の面積と円の半径を1辺とする正方形の面積の比に一致することを証明しようとしていた．さらにアルキメデスと類似の方法で，ただし内接正多角形（$6 \times 32 = 192$ 角形）だけを用いて，π を上と下から評価して，その値を $3.14 + \frac{64}{62500} = \mathbf{3.141024} < \pi < 3.14 + \frac{169}{62500} = \mathbf{3.142704}$ として"定率"3.14を求めたのである．後には π の近似値を3.1416としている．このときの劉徽のアイディアは素晴らしい．彼は単位円に内接する正 n 角形の一辺 BC に垂線 AED を引いて正 $2n$ 角形を作る（図3-8参照）．BDとDCは正 $2n$ 角形の2辺である．この正 n 角形と正 $2n$ 角形の面積を $A(n)$, $A(2n)$ とするとき，$A(2n) - A(n) = n\triangle\mathrm{BCD}$ である．また，$\square\mathrm{BCGF} = 2\triangle\mathrm{BCD}$ なので，単位円の面積 $= \pi < A(n) + 2\{A(2n) - A(n)\} =$

$2A(2n) - A(n)$ となる．このようにして，内接正多角形の面積だけを使って円周率 π を上から評価することが出来たのだった．なお $\angle \text{BAE} = \dfrac{2\pi}{2n} = \dfrac{\pi}{n}$ なので，$\text{BE} = \sin\dfrac{\pi}{n}$ だから，$\triangle \text{ABD} = \dfrac{1}{2}\text{AD} \cdot \text{BE} = \dfrac{1}{2}\sin\dfrac{\pi}{n}$ であり，$A(2n) = 2n\triangle \text{ABD} = n\sin\dfrac{\pi}{n}$ となる．正 n 角形の周の長さを ℓ_n とすると，$\ell_n = n\text{BC} = 2n\text{BE} = 2n\sin\dfrac{\pi}{n} = 2A(2n)$ が成り立つ．

内接正多角形だけで円周率を上から評価する工夫はアルキメデスをも超えるアイディアであったが，彼には球の体積を求めることが出来なかった．劉徽を評して三上義夫が「古今東西を通じて数学界の一大偉人」と述べたのがよく分かる．劉徽の言葉を記録しておこう．「（円周率の）古率の 3 はただ正六角形の外周に過ぎず．代々この法を伝えるのみで，これをつまびらかにせず，古に従い過失までも習いたり．確かな明拠なくば弁ずること難し．…，故に円内容多角形図を調べ密率を作れり．（劉徽編『九章算術』の注釈書，巻一「方田」における劉徽による注）」

この方法をさらに進めたのが祖冲之であった．彼の著書『綴術』は失われたが，隋の正史『隋書』に次の記述がある．

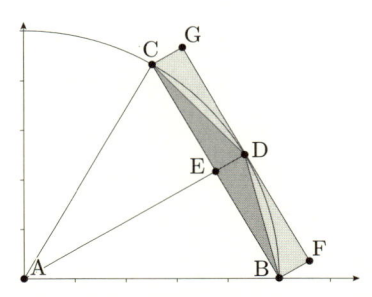

図 3-8　正 n 角形の一辺に垂線を引き正 $2n$ 角形を作る

「祖沖之は，円周,盈数（過剰数）3.1415927

胐数（不足数）3.1415926

正数は，盈胐2限の間にあること

すなわち，3.1415926 < π < 3.1415927

を示し，さらに，約率 $\frac{22}{7}$，密率 $\frac{355}{113}$ を与えた．」

祖沖之は円周率の計算に力を注ぎ，恐らく劉徽の方法を正 24576 ($= 6 \times 2^{12}$) 角形にまで拡張して適用することで，**3.1415926 < π < 3.1415927** を得たのである．密率 $\frac{355}{113}$ と共にヨーロッパの数学に 1000 年も先行する快挙であった．

古代インドにおける円周率

古代インドでは，正確な π の近似値と $\sqrt{10}$ の 2 つの値が共に見られる．前 6～5 世紀頃のシュルバスートラ（祭壇のための "縄の規則"）には，円の直径から $\frac{2}{15}$ を引いた長さを一辺とする正方形が円の面積に等しい，と書いてある．これは π = 3.00444… に相当し，誤差は古代エジプトよりも大きく，およそ −4.366% である．バラモン教が衰えを見せ，ジャイナ経が伸びてくると $\sqrt{10}$ と **3.16** が使われた．5 世紀終わりのアールヤバタ（Aryabhata；476-550）は $\pi = \frac{62832}{20000} = $ **3.1416** としたが，これはヒッパルコス（Hipparchos；前 2 世紀）かアポロニオスの円周率が使われた可能性が高い．一方 7 世紀のブラフマーグプタ（Brahmahgupta；598-668）は π = **3.162277** とした．これは $\sqrt{10}$ の正確な近似値である．同時代のバースカラⅠ（Bhaskara；600 頃）は **3.1416** を使ったが，π = $\sqrt{10}$ 説を次のように書いて批判している：「"1 を直径とするもの [円] にとって 10 のカラニー [平方根] が周である" という伝承(アーガマ)があるのみであって，証明(ウパパッティ)がない」．なお，驚いたこ

§12 中国・インド・アラビアにおける円周率

とに9世紀初頭にヴィーラセーナ（Acharya Virasena；8〜9世紀）は，ジャイナ教の経典への注釈書の中で，円周の長さ L と直径 d の比を論じ，$L = 3d + \dfrac{(16d + 16)}{113}$ という公式を書いている．これは，

(ⅰ) 比例するはずの L と d の関係に $+16$ という項を入れて比例関係を崩していること，

(ⅱ) その項がなければ何と $\dfrac{L}{d} = \dfrac{355}{113}$ という素晴らしい近似値を与えること，

の2点で注目されてきたが，最近になってその謎が解明された．先ず，アールヤバタの $\pi = \dfrac{62832}{20000} = 3 + \dfrac{2832}{20000}$ をもっと簡単な分数に直す当時の方法で，$\dfrac{20000}{2832} = 7 + \dfrac{11}{177}$，$\dfrac{177}{11} = 16 + \dfrac{1}{11}$，とした上で最後の $\dfrac{1}{11}$ を省略すると，逆にたどることで $\dfrac{355}{113}$ が得られるのである．こうして得られた簡略分数の値がアールヤバタの値よりも良いことを知らずに，直径 20000 に今自分が出した分数 $\dfrac{355}{113}$ を掛けると，$L = \dfrac{7100000}{113} = 62831 + \dfrac{97}{113}$ になってしまう．そこでアールヤバタの値に合わせるために，$\dfrac{16}{113}$ を加えたのであろうということだ（林隆夫著『インドの数学』；中公新書）．

はるかに後代になるが，14〜15世紀に活躍したケーララ学派のマーダヴァ（Madhava；1340-1425）とその後継者たちは，ヨーロッパで微分積分学が形成されるよりずっと早く，三角関数や逆三角関数の級数展開を自由に使いこなして，$\pi = \mathbf{3.141592653592\cdots}$ を出した．これらの驚くべき事実を伝えるこの学派の数学者ニーラカンタ（Nilakantha Somayaji；1544-1644）は，円周率が「無理数」であることを認識していたようだ．アールヤバタの著書『アールヤバティーヤ』の注解書において次のように述べている：「一つの単位で[直径と円周の]二つが測られる場合，どちらも端数を持

たないということはあり得ないだろう．長い道のりを辿った後でも，わずかな端数は残るはずである．（林著上述書）」．彼は別の著書『タントラ・サングラハ』で9桁まで正しい近似値を与える分数，$\pi = \dfrac{104348}{33215}$ を書いている．

　数学の歴史をたどっているとき，時折このようにインド数学の素晴らしさにハッとすることがある．これは人智の無限の可能性を示すものであろう．

その他の文明圏における円周率

　プトレマイオスの『アル・マゲスト』は紀元300年頃テオンによってシリア語に訳され，セレウコス朝時代の優れたバビロニア天文学や，中央アジアを経由して伝わったと思われる古代インドの天文学などと共に古代ペルシアで知られていた．当然πについても伝わっていたはずだ．622年のヒジュラ（聖遷）からわずか100年ほどで中央アジアから北アフリカ，イベリア半島にまで広がる大イスラム帝国を打ち立てたアラビアのカリフたちは，宗教と共に文化も大事にしたので，9世紀はじめに作られたバグダードのバイト・アル・ヒクマ（「智の館」）は最先端の学術センターになり，また富豪たちも競って学者たちを呼び，学術書を集めたのであった．「幾何学」についてイブン・ハルドゥンの著作に述べられた次の言葉からは，彼らがいかに数学を大事にしたかが伝わってくる．このような精神があったからこそ古代ギリシアの精華は途切れずに私たちにまで伝わったのである．

　　「幾何学は知性を啓発し，人間の精神を正しくするということは知られるべきである．そのすべての証明は非常に明白で秩序立っている．誤謬が幾何学の推論に入り込むことはほとんど不可能である．なぜならば，幾何学の推論は良く配列され，順序

正しいからである.」(アル=ダッファ著,武隈良一訳『アラビアの数学』;サイエンス社)

11〜12世紀のウマル・ハイヤミー(ラテン名オマール・ハイヤーム;1048?-?)はエウクレイデスを超えるすぐれた比例理論を作り上げたが,その中で$\sqrt{2}$やπはいかなる整数比でも表せないであろうと述べた.14〜15世紀のアル・カーシー(Jamshid al-Kashi;c.1380-1429)は『円周についての論考』(1424)において,正6×2^{27}角形を用いて円周率を求め60進法で書き記した.10進法では$\pi = \mathbf{3.1415926535897932}\cdots$と小数16桁まで正確な値になる.いずれもヨーロッパに何世紀も先行する素晴らしい結果である.

§13 微分積分学の発展による円周率の革新

驚異の17世紀数学を開いたパイオニアたち

時代を2000年も先取りしていたアルキメデスを頂点とする古代ギリシア数学の輝きと並んで,それよりもはるかに広く,はるかに深いところで驚異的な発展を見せたのが17世紀の数学だ.それは2人の天才たち,ガリレオ・ガリレイ(Galileo Galilei;1564-1642)とヨハンネス・ケプラーによって開かれた.ガリレオ・ガリレイは物を放り投げると古代ギリシアで研究されたパラボラと呼ばれる曲線(だから"放物線")を描いて地上に落ちてくることを実験によって確かめて,近代科学の方法を確立した.ヨハンネス・ケプラーは地球を含めた惑星が太陽の周りを楕円軌道に沿って回っていることを,膨大な計算を何十回もやり直すことによって確かめた.いず

れも 1608 年から 1609 年頃のことで，今から 400 年ほど前のことである．

🌿 記号代数学の完成

未知数を言葉や略記号で表すことは，古代から時折見られたが，既知数まで記号で表すことは 16 世紀の終わりにヴィエト（François Viète；1540-1603）が初めて行った．彼は未知数を A や E,I などの母音で，既知定数を B,D,F などの子音で表すという画期的なアイディアを導入して "記号代数学の祖" と呼ばれる．このアイディアはデカルト（Renè Descartes；1596-1650）に受け継がれ，1637 年の『幾何学』においてほぼ完成する．

🌿 微分積分学の発見

やがて時満ちて，ついにアルゴリズムとしての「微分学」と「積分学」を作り上げ，その 2 つが互いに逆の関係にあることを，明

確に述べた天才たちが現れた．天才の名前はアイザック・ニュートン（Isaac Newton；1642-1727）とゴットフリート・ライプニッツ（Gottfried Leibniz；1646-1716）である．天才の質も性格も職業も全く対照的な2人の天才たちによって，ほぼ同じ時期に，全く独立に，人類文明の宝物が見つかったのは一大偉観である．ニュートンがやや先行し，1665-6年ごろ，ライプニッツは1675年頃のことだが，論文として公表したのはライプニッツの方が断然早く，微分が1684年，積分が1686年だ．ニュートンは時間と共に運動する点の動きを分析し，ガリレオの物体の法則とケプラーの天体の法則を統一的に解明することに成功した．ライプニッツは様々な曲線に適用して，極大・極小の新しい方法や接線の問題などを簡単に解決した．1684年の人類最初の微分の論文「極大・極小の新しい方法」（コラム10参照）で，デカルトやホイヘンス（Christiaan Huygens；1629-1695）が苦労して解いた問題をあっさりと解決して，「他の碩学たちが多くの回り道をしながら追い求めたものを，この計算に通じた人ならば，今後は3行もあれば示すことができるであろう．」と誇り高く書いているのが印象的だ．

級数展開の方法

微分積分学が形成されるのと前後して，級数展開の方法が使われ始めた．後に大問題になる"収束・発散"などは気にかけずに，無限級数をどんどん使って様々な問題を解いていった時代が長く続く．円周率との関係では，逆三角関数と三角関数の級数展開の方法が発見されたことが重要だ．これによって，インドのマーダヴァに遅れること約250年にして，円周率計算に大きな変革がもたらされた．青年ニュートンは一般二項定理を発見して，$\dfrac{1}{\sqrt{1-x^2}}$ を展開すると，それを"項別積分"（無限級数展開されている関数を，

まるで「多項式」のように各項ごとに積分すること）して，次の公式を得た：

$$\text{Arcsin}\, x = x + \frac{1}{2} \cdot \frac{x^3}{3} + \frac{1 \cdot 3}{2 \cdot 4} \cdot \frac{x^5}{5} + \frac{1 \cdot 3 \cdot 5}{2 \cdot 4 \cdot 6} \cdot \frac{x^7}{7} + \cdots$$

$$(|x| < 1)$$

この式で $x = \dfrac{1}{2}$ とおくと，左辺は sin をとったときに $\dfrac{1}{2}$ になる角度のことだから，$\dfrac{\pi}{6}(= 30°)$ である．したがって，

$$\frac{\pi}{6} = \frac{1}{2} + \frac{1}{2} \cdot \frac{1}{3 \cdot 2^3} + \frac{1 \cdot 3}{2 \cdot 4} \cdot \frac{1}{5 \cdot 2^5} + \frac{1 \cdot 3 \cdot 5}{2 \cdot 4 \cdot 6} \cdot \frac{1}{7 \cdot 2^2} + \cdots$$

両辺に 6 を掛けて（小数点 7 桁目で切り捨て，太字は四捨五入なら +1 になるところ），

$$\therefore \quad \pi = 3 + \frac{1}{8} + \frac{9}{640} + \frac{15}{7 \cdot 1024} + \frac{35}{3 \cdot 32768} + \frac{189}{11 \cdot 262144} + \cdots$$

$$= 3 + 0.125 + 0.014062 + 0.002092 + 0.000356 + 0.00006\mathbf{5}$$

$$+ 0.00001\mathbf{2} + 0.000002 + \cdots$$

$$= 3.141589 \cdots$$

となって，あっさりと π の近似値が得られる．ニュートンはもう一工夫して，円周率を小数点 16 桁まで計算した（コラム 10 参照）．角度に対して実数値を与えるのが三角関数なので，逆三角関数は実数値に対して角度を与えるのである．その中で一番よく使われたのが**逆正接関数（アークタンジェント）**である（コラム 8 参照）．有名なグレゴリー・ライプニッツの公式は，

$$\text{Arctan}\, x = x - \frac{x^3}{3} + \frac{x^5}{5} - \frac{x^7}{7} + \frac{x^9}{9} \pm \cdots \; (|x| < 1)$$

において $x = 1$ とすると，$\tan \theta = 1$ となる角度が $\theta = \dfrac{\pi}{4}(= 45°)$ なので，

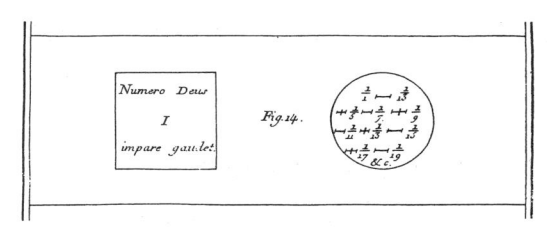

§13 微分積分学の発展による円周率の革新

図 3-9 ライプニッツの全集より,「神は奇数を嘉し給う」

$$\frac{\pi}{4} = 1 - \frac{1}{3} + \frac{1}{5} - \frac{1}{7} + \frac{1}{9} \pm \cdots$$

と得られる．これは収束が遅いので数値計算には適さないが，美しい公式だ．パリに出てきた青年ライプニッツが，ホイヘンスのアドヴァイスで最新の数学を夢中で学んでいる時に見つけ，ホイヘンスに絶賛された式である．ライプニッツも感激して，1辺が1の正方形と直径が1の円を並べ，正方形の中に面積1と「神は奇数を嘉(よみ)し給う」と書き，円の中には自分が見つけたこの公式を書きこんだ．後になってから，ライプニッツの少し前にグレゴリー（James Gregory；1638-1675）が見つけていたことが分かり，今はグレゴリー・ライプニッツの公式と呼ばれる（人によっては最初に"マーダヴァ"とつける人もいる）．アークタンジェントの展開公式と共に，定理としておこう．なお，グレゴリーは著書『円と放物線の真の計測』(1667)で円の正方形化は不可能であることを証明しようとしたが不充分であった．また，ライプニッツもこの公式にコメントして，「実際，円[の面積]は，正方形[の面積]と通約可能ではないから，1つの数によって表すことができず，有理数によるならば，必然的に級数を通じて表さなければならないのである．」と書いている．簡単に言えば，πが無理数だということだ．この頃までにこの事実は多くの人がそう感じていたようだが，その少し前には，「こうした問題[外接正方形に対する円の真の比例関係]は，代数方程式へと関連付けることができないからである」と書いてい

て，π が超越数であると信じていたことが分かる．恐るべき直観力である．

定理 6 **アークタンジェントの展開公式**

$$\mathrm{Arctan}\, x = x - \frac{x^3}{3} + \frac{x^5}{5} - \frac{x^7}{7} + \frac{x^9}{9} \pm \cdots \qquad (|x|<1)$$

定理 7 **グレゴリー=ライプニッツの公式**

$$\frac{\pi}{4} = 1 - \frac{1}{3} + \frac{1}{5} - \frac{1}{7} + \frac{1}{9} \pm \cdots$$

🍃 アークタンジェントを用いた円周率の計算公式の発見

　定理 6 で述べたアークタンジェントの展開公式は，早くから使われていた．定理 7 の "グレゴリー=ライプニッツの公式" に続いて，ハリー（Edmond Halley；1656-1742）は定理 6 の式に $x = \frac{1}{\sqrt{3}}$ を代入して次の "ハリーの公式" を求めた：

$$\frac{\pi}{6} = \frac{1}{\sqrt{3}}\left(1 - \frac{1}{3\cdot 3} + \frac{1}{5\cdot 3^2} - \frac{1}{7\cdot 3^3} + \frac{1}{9\cdot 3^4} - \cdots\right) \quad \cdots (\mathrm{H})$$

ハリーの示唆により，1699 年に，シャープ（Abraham Sharp；1653-1742）はこの公式によって円周率を 72 桁まで計算した（内 71 桁が正しい）．これらの公式による級数は収束が遅いので，複数個のアークタンジェントを組み合わせて計算する方法が工夫される．おそらくその最初の例は "ニュートンの公式" である．1676 年 10 月 24 日付けのいわゆる "後の手紙" はライプニッツに送ることを意図して，王立協会書記のオルデンブルグに宛てて書いたものであるが，その中に次の効率的な円周率計算公式が無限級数の形で書いてある．これはすぐ後のコラム 10 で紹介するものとは異なり，次の形をしている：

$$\frac{\pi}{4} = \operatorname{Arctan}\frac{1}{2} + \frac{1}{2}\operatorname{Arctan}\frac{4}{7} + \frac{1}{2}\operatorname{Arctan}\frac{1}{8} \qquad \cdots (\text{N})$$

18世紀になり，1706年にマチン（John Machin；1680-1751）は「マチンの公式」として有名な公式（M6）を含めて，たくさんの公式を見つけている．マチンが発見した公式をまとめて定理としよう．

定理8　マチンの公式たち

$$\frac{\pi}{4} = \operatorname{Arctan}\frac{1}{2} + \operatorname{Arctan}\frac{1}{3} \qquad \cdots\cdots (\text{M1})$$

$$\frac{\pi}{4} = 2\operatorname{Arctan}\frac{1}{2} - \operatorname{Arctan}\frac{1}{7} \qquad \cdots\cdots (\text{M2})$$

$$\frac{\pi}{4} = 2\operatorname{Arctan}\frac{1}{3} + \operatorname{Arctan}\frac{1}{7} \qquad \cdots\cdots (\text{M3})$$

$$\frac{\pi}{4} = 3\operatorname{Arctan}\frac{1}{4} + \operatorname{Arctan}\frac{5}{99} \qquad \cdots\cdots (\text{M4})$$

$$\frac{\pi}{4} = 3\operatorname{Arctan}\frac{1}{4} + \operatorname{Arctan}\frac{1}{20} + \operatorname{Arctan}\frac{1}{1985} \qquad \cdots\cdots (\text{M5})$$

$$\frac{\pi}{4} = 4\operatorname{Arctan}\frac{1}{5} - \operatorname{Arctan}\frac{1}{239} \qquad \cdots\cdots (\text{M6})$$

$$\frac{\pi}{4} = 8\operatorname{Arctan}\frac{1}{10} - \operatorname{Arctan}\frac{1}{100} - \operatorname{Arctan}\frac{11}{5637} + \operatorname{Arctan}\frac{10893}{41480222056636} \qquad \cdots\cdots (\text{M7})$$

[(M1) の証明]

ヴァラエティーに富んだ証明法を楽しむために，(M1) を 4 通りの方法で証明し，(M6) を簡単に証明する．

（証明 1）　$\alpha = \text{Arctan}\dfrac{1}{2}$，$\beta = \text{Arctan}\dfrac{1}{3}$ とおく．$\tan\alpha = \dfrac{1}{2}$，$\tan\beta = \dfrac{1}{3}$ $\left(-\dfrac{\pi}{2} < \alpha < \dfrac{\pi}{2}, -\dfrac{\pi}{2} < \beta < \dfrac{\pi}{2}\right)$ である．加法定理から，

$$\tan(\alpha+\beta) = \frac{\tan\alpha + \tan\beta}{1 - \tan\alpha \cdot \tan\beta} = \frac{\dfrac{1}{2} + \dfrac{1}{3}}{1 - \dfrac{1}{2} \cdot \dfrac{1}{3}} = 1$$

よって $\alpha + \beta = \dfrac{\pi}{4}$．

（証明 2）　$\alpha = \text{Arctan}\dfrac{1}{2}$ は $\tan\alpha = \dfrac{1}{2}$ となる角度，$\beta = \text{Arctan}\dfrac{1}{3}$ は $\tan\beta = \dfrac{1}{3}$ となる角度である．すなわち，次の図で右に 2 だけ進んで上に 1 上がる角度が α で，右に 3 だけ進んで 1 下がる角度が β である．この図をにらんで，長方形の中の三角形が直角二等辺三角形であることが納得できれば，底角 $\alpha + \beta$ が 45°，弧度法で $\dfrac{\pi}{4}$ であることが分かる．"言葉のない証明" の典型である．楽しんでいただきたい．

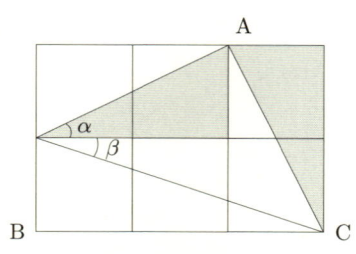

図 3-10　$\alpha + \beta = \dfrac{\pi}{4}$ であることの "言葉のない証明" その 1

（証明 3）"言葉のない証明" をもう一つ紹介しよう．これは MIT を出て，アメリカで活躍している Ko HAYASHI さんのアイディアである（"Fibonacci numbers and the arctangent functions"，

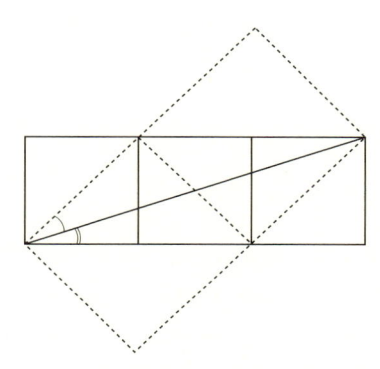

図 3-11 $\alpha+\beta=\dfrac{\pi}{4}$ であることの "言葉のない証明" その 2

Math. Mag.,**76**, 214-5(2003)).

（証明 4）複素数を使って証明する．任意の複素数 z は，絶対値とよばれる原点からの距離 $r=|z|$ と，x 軸の正の向きからの角度 θ（偏角と言って，**arg** z と書く）を用いて，$z=re^{i\theta}$ と書き表すことが出来る．オイラーの公式 $e^{i\theta}=\cos\theta+i\sin\theta$ を使えば，$z=r(\cos\theta+i\sin\theta)$ となる（§14 参照）．これが複素数の**極表示**である．$1+i=\sqrt{2}\cdot e^{i\frac{\pi}{4}}$ なので，$2+i=\sqrt{5}\cdot e^{i\alpha}$ と，$3+i=\sqrt{10}\cdot e^{i\beta}$ を掛け合わせると，$(2+i)(3+i)=2\cdot 3-1+i(2+3)=5(1+i)$ $=5\sqrt{2}\cdot e^{i\frac{\pi}{4}}$ であり，極表示同士を掛ければ，$(2+i)(3+i)=5\sqrt{2}\cdot e^{i(\alpha+\beta)}$ なので，$\alpha+\beta=\dfrac{\pi}{4}$ となる．

[（**M6**）の証明] $\theta=\operatorname{Arctan}\dfrac{1}{5}$ とおくと，$\tan\theta=\dfrac{1}{5}$．2 倍角の公式より，$\tan 2\theta=\dfrac{2\tan\theta}{1-\tan^2\theta}=\dfrac{\dfrac{2}{5}}{1-\dfrac{1}{25}}=\dfrac{5}{12}$．もう一度 2 倍角の公式を用いて，$\tan 4\theta=\dfrac{2\tan 2\theta}{1-\tan^2 2\theta}=\dfrac{\dfrac{5}{6}}{1-\left(\dfrac{5}{12}\right)^2}=\dfrac{120}{119}$.

$\tan\dfrac{\pi}{4} = 1$ なので,$\tan\left(4\theta - \dfrac{\pi}{4}\right) = \dfrac{\tan 4\theta - 1}{1 + \tan 4\theta \cdot 1} = \dfrac{1}{239}$.

∴ $4\theta - \dfrac{\pi}{4} = \text{Arctan}\dfrac{1}{239}$.

よって,$\dfrac{\pi}{4} = 4\text{Arctan}\dfrac{1}{5} - \text{Arctan}\dfrac{1}{239}$ □

1706 年にジョーンズ(William Jones;1675-1749)が著書『数学への新入門』の中で (M6) を紹介したので,それだけが "マチンの公式" として有名になったのだった.ここでジョーンズは,マチンが同じ目的の公式をいくつか持っていると書いていたのだが,最近になって同時代人の手紙や証言などを基に,マチンが見付けた公式たちが明らかになったのである(コラム 9 参照).この "埋もれた真実"を明らかにしたのはトゥエドゥルである(Ian TWEDDLE, "John Machin and Robert Simson on Inverse-tangent Series for π", *Arch. Hist. Exact Sci.*, **42**, pp.1-14(1991)).私も長いこと,「どうしてマチンは素晴らしい公式 (M6) 一つを発見し,(M1-3) のようにはるかに簡明なものを見落としていたのだろうか?」といぶかっていたので,事実がはっきりしてとてもスッキリした.ただ,不思議なことにこのトゥエドゥルの論文も忘れられていて,相変わらず間違った情報が流布され続けているのは残念なことだ.

マチンは (M6) を用いて円周率を 100 桁計算した.この時の計算で用いた公式が本当に (M6) だったのか,という点に疑念を抱いた人もいたが,トゥエドゥルによって,マチンがたくさんの公式を見つけたことと同時に,その計算において実際に (M6) を使ったことが確認された.それにしてもマチンの円周率 100 桁計算は,まさに新時代到来を感じさせる画期的な出来事であった.

普通 (M1) はオイラー(1737)(Leonhard Euler;1707-1783)に,(M2) はヘルマン(1706)(Jakob Hermann;1678-1733)

に，(M3) はハットン (1776)（Charles Hutton；1737-1823）に帰せられているが，それぞれがその他にも様々な公式を導出していた．

π を表す公式たちは §16 で詳しく紹介するが，その他のアークタンジェント公式も，ここでいくつかまとめておこう．

(SmK) はスウェーデンの数学者クリンゲンシェルナ（Samuel Klingenstierna；1698-1765：柴田昭彦氏の「円周率ものがたり」によれば stie はシェと読むとのこと）のノート（1730）にあったので，普通「クリンゲンシェルナの公式」と呼ばれるが，グラスゴー大学のシムソン（Robert Simson；1687-1768）がすでに 1723 年に見つけていた．

$$\frac{\pi}{4} = 8\mathrm{Arctan}\frac{1}{10} - \mathrm{Arctan}\frac{1}{239} - 4\mathrm{Arctan}\frac{1}{515} \quad \cdots\cdots (\mathrm{SmK})$$

（シムソン 1723；クリンゲンシェルナ 1730）

$$\frac{\pi}{4} = 12\mathrm{Arctan}\frac{1}{18} + 8\mathrm{Arctan}\frac{1}{57} - 5\mathrm{Arctan}\frac{1}{239} \quad \cdots\cdots (\mathrm{G})$$

（ガウス，1863（全集第 II 巻刊行年））

$$\frac{\pi}{4} = 6\mathrm{Arctan}\frac{1}{8} + 2\mathrm{Arctan}\frac{1}{57} + \mathrm{Arctan}\frac{1}{239} \quad \cdots\cdots (\mathrm{St})$$

（シュテルマー，1896）

これらは，いわゆる「マチンの公式 (M6)」と共に，電子計算機を用いた円周率の計算において，何度も世界記録を樹立するときに使われた公式たちである．なお，$\mathrm{Arctan}\frac{1}{x} = \mathrm{Arccot}\,x$ なので，アークコタンジェントの方が便利なこともある．

1723 年になって，シムソンが自分で見つけたこの種の公式をロイヤル・アカデミーに送ったところ，書記のジュリンが 1706 年のマチンの論文（受け付けた後でマチン自身が取り下げた）の写しをシムソンに送り，シムソンが自分の見つけた公式の脇に，これは

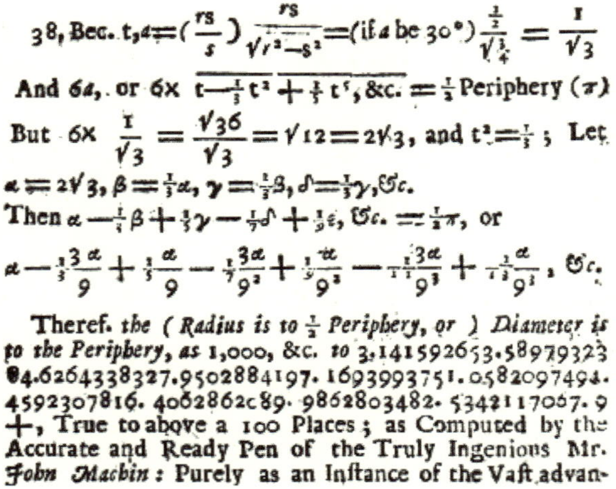

38, Bec. t, a $=\left(\frac{rs}{s}\right)\frac{rs}{\sqrt{r^2-s^2}}=$ (if a be 30°) $\frac{\frac{1}{2}}{\sqrt{\frac{3}{4}}}=\frac{1}{\sqrt{3}}$

And 6a, or 6× $\overline{t-\frac{1}{3}t^3+\frac{1}{5}t^5}$, &c. $=\frac{1}{2}$ Periphery (π)

But 6× $\frac{1}{\sqrt{3}}=\frac{\sqrt{36}}{\sqrt{3}}=\sqrt{12}=2\sqrt{3}$, and $t^2=\frac{1}{3}$; Let

$\alpha=2\sqrt{3}$, $\beta=\frac{1}{3}\alpha$, $\gamma=\frac{1}{3}\beta$, $\delta=\frac{1}{3}\gamma$, &c.

Then $\alpha-\frac{1}{3}\beta+\frac{1}{5}\gamma-\frac{1}{7}\delta+\frac{1}{9}\varepsilon$, &c. $=\frac{1}{2}\pi$, or

$\alpha-\frac{1}{3}\frac{3\alpha}{9}+\frac{1}{5}\frac{\alpha}{9}-\frac{1}{7}\frac{3\alpha}{9^2}+\frac{1}{9}\frac{\alpha}{9^2}-\frac{1}{11}\frac{3\alpha}{9^3}+\frac{1}{13}\frac{\alpha}{9^3}$, &c.

Theref. *the* (*Radius is to* $\frac{1}{2}$ *Periphery, or*) *Diameter is to the Periphery, as* 1,000, &c. *to* 3,14159265 3.58979323 84.6264338327.9502884197.1693993751.0582097494.4592307816.4062862089.9862803482.5342117067.9 +, True to above a 100 Places; as Computed by the Accurate and Ready Pen of the Truly Ingenious Mr. *John Machin*: Purely as an Instance of the Vast advan-

図 **3-12**　Jones, 『数学への新入門』(1706), π が出る箇所（上から 2 行目）

マチンの何番目の公式，と書き込んだので，今回の発見につながった．彼の功績を称えて，少し変わったシムソンの公式も一つ紹介しよう．

$$\frac{\pi}{6}=2\mathrm{Arctan}\frac{1}{2\sqrt{3}}-\mathrm{Arctan}\frac{1}{15\sqrt{3}} \qquad \cdots\cdots \text{(Sm)}$$

（シムソン 1723）

コラム 8：アークタンジェントとは？

逆関数

変数の値 x を与えると，別の変数 y を対応させる何らかの規則 f が与えられたときに，関数 $y=f(x)$ という．例えば，$y=2x+1$ は，「2 倍して 1 を加える」という対応規則で決まる関数であり，$y=x^2$ は「x を 2 乗する」という規則が与えられた関数である．

$y = f(x) = 2x+1$ のとき，y の値を与えると，$x = \dfrac{y-1}{2}$ によって対応する x の値が決まる．これが「逆関数」である．$y = f(x) = x^2$ のとき，$y \geqq 0$ なる y に対して，$x = \pm\sqrt{y}$ と対応させるのがこの場合の「逆関数」である．指数関数 $y = e^x$ のときには，対数関数（正確には e を底とする"自然対数"）$x = \log y$ になる．このときは $y > 0$ のときに限って対数関数 $\log y$ が決まる．

関数 $y = f(x)$ の逆関数を，$x = f^{-1}(y)$ と書き，f-インヴァース-y と読む．f という対応規則を逆にたどるのでこう書く．

🌿 逆三角関数

三角関数の逆関数を「逆三角関数」と総称するが，逆三角関数には困った問題がある．三角関数は「周期関数」なので，x が一定の基本周期（π または 2π）の整数倍だけずれても，全く同じ関数値を与えるのである．したがって例えば $y = \sin x$ の場合には，$-1 \leqq y \leqq 1$ を満たす一つの y の値に対して，$y = \sin x$ を満たす x の値は無数に存在する．これでは困るので，$y = \sin x$ の場合には $-\dfrac{\pi}{2} \leqq x \leqq \dfrac{\pi}{2}$ と範囲を限定することにする．このように範囲を限定した正弦関数の逆関数を $x = \mathbf{Arcsin}\, y$ と書く．細かいことだが，これを逆正弦関数 $x = \mathbf{Arcsin}\, y$ の「主値」という．読み方はどちらも「アーク・サイン」である．

$y = \tan x$ の場合には $-\dfrac{\pi}{2} < x < \dfrac{\pi}{2}$ と範囲を限定して，「逆正接関数の主値」を $x = \mathbf{Arctan}\, y$ と書く．これがアークタンジェントである．タンジェントの値は $-\infty$ から ∞ まですべての実数をとるので，任意の実数 y に対して $-\dfrac{\pi}{2}$ から $\dfrac{\pi}{2}$ までの実数が一つだけ決まる．

$y = \cot x = \dfrac{1}{\tan x} = \dfrac{\cos x}{\sin x}$ の場合には $0 < x < \pi$ なる x に限定して，「逆余接関数の主値」$x = \mathbf{Arccot}\, y$ が決まる．これがアー

クコタンジェントである.

なお本書では使わないが,コサイン $y = \cos x$ の逆関数アークコサインの主値は,$0 \leqq x \leqq \pi$ なる x に限定する.

逆三角関数は高校数学では現れないのでなじみが薄い.理系の大学 1 年で初めて出会うが,数学科の学生でもなかなか慣れてくれないのが普通である.アークタンジェントで少し練習をしておこう.

$y = \tan x$ の逆関数が $x = \text{Arctan} y$ なので,いつでもタンジェントの関係に引き戻して考えよう.例えば Arctan1 は何かな? と思ったら,$\alpha = \text{Arctan} 1$ とおくと,$1 = \tan\alpha$ となる.タンジェントが 1 になる角度を $-\frac{\pi}{2} < \alpha < \frac{\pi}{2}$ の範囲で探すと,$\alpha = 45° = \frac{\pi}{4}$ と,たった一つだけ答が決まる.$\beta = \text{Arctan}\sqrt{3}$ だったら,$\sqrt{3} = \tan\beta$ となる角度を $-\frac{\pi}{2} < \alpha < \frac{\pi}{2}$ の範囲で探して,$\alpha = 60° = \frac{\pi}{3}$ と求まる.なお,角度を考えるときは慣れた度数で当たりをつけても,答は必ず弧度法で表すことにする.また,$\text{Arctan}(+\infty) = \frac{\pi}{2}$,$\text{Arctan}(-\infty) = -\frac{\pi}{2}$ としても良い(正確には「極限」をとって合理化できる).

定理 8(M1)の(証明 2)で出てきた $\text{Arctan}\frac{1}{2}$ や $\text{Arctan}\frac{1}{3}$ は知られた角度では書き表せないが,$\alpha = \text{Arctan}\frac{1}{2}$,$\beta = \text{Arctan}\frac{1}{3}$ とおくと,α は $\tan\alpha = \frac{1}{2}$ となる角度,β は $\tan\beta = \frac{1}{3}$ となる角度であり,定理 6 に書いたとおり,$\alpha + \beta$ は $\frac{\pi}{4}$ ときれいに決まるのである.

実数 r に対して,$\alpha = \text{Arctan} r$ は,$\tan\alpha = r$ となる角度として求めるが,次のようにして覚える手もある:

$\alpha = \text{Arctan} r$ は,$\alpha = $ **the** Arc, **whose** tan (**gent**) **is** r,

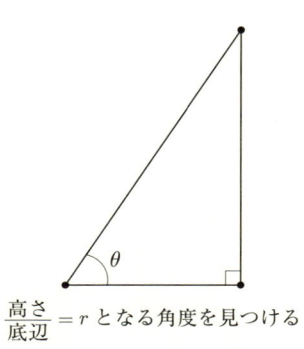

§13 微分積分学の発展による円周率の革新   83

$\dfrac{高さ}{底辺} = r$ となる角度を見つける

図 3-13　ニュートンの円周率計算

と補うのである．ここで言うアーク（Arc）は弧の長さであるが，弧度法は半径 1 の円の弧の長さで角度を表すので，ここでは「角度」と読み替えればよい．すなわち，$\alpha = \mathrm{Arctan}\, r$ は，「タンジェントが r になるような角度」となるのである．

─────（コラム 8　終）─────

コラム 9：マチンの公式をめぐる新発見

🌱 トゥウェドゥルの大手柄

　トゥウェドゥル（Ian Tweddle）がマチンとシムソンのアークタンジェント公式をめぐる話をまとめたのはちょうど"シムソン線"で知られるグラスゴー大学のシムソン（Robert Simson；1687-1768）の 300 回目の誕生日の頃，1987 年 10 月であった．シムソンは 1723 年に円周率の計算公式をいくつも見付け，王立協会の書記をしていたジュリンに論文を送ったが，そのときジュリンは，マチンが 1706 年に書き，その後取り下げた論文の抜粋をシムソンに送ったのである．このとき，シムソンは自分の結果がマチンの何番

目の公式なのかを書き残したのだった．

　トゥウェドゥルは，このシムソンの論文と，関連するその頃の書簡をグラスゴー大学図書館で精査して今回の大手柄につながったのである．彼はラテン語で書かれたシムソンの論文を英訳して全文を載せている．シムソンがこの論文を送った 1723 年 2 月 1 日（旧暦）の手紙で，アークタンジェントで円の周を計算する級数を一般的に求める方法を探して，2 つの命題とその系から次々に公式を見つけたと書く．この命題はタンジェントの加法定理や "2 倍角の公式"，また角度を半分，半分，… としたときのタンジェントの漸化式の公式などである．ヘルマンがすでに 1706 年に求めていたのだが，シムソンは文献の中に見つけられなかったので自分で証明したのである．そして，ジョーンズがマチンのものとして引用した公式（M6）が，このようにして得られる最良の物の一つであると続ける．それ以外の公式の一部または全部について，「すでに誰かが求めているかどうか全く分からないが，あなたならすぐにお分かりでしょう」と書いている．シムソンはジョーンズが紹介したいわゆる「マチンの公式」に感銘を受け，類似の公式を探したことが分かる．命題と系を証明し終えると，シムソンは自分が見つけた級数を例 1〜6 に書き並べる．弧の長さで表していて読みにくいので，$\frac{\pi}{4}$ とアークタンジェントで書き直すと次のような公式たちだ．

　例 1. ＝（M4），

　例 2. $\frac{\pi}{4} = 8\mathrm{Arctan}\frac{1}{10} - 4\mathrm{Arctan}\frac{1}{515} - \mathrm{Arctan}\frac{1}{239}$,

　これはクリンゲンシェルナの 1730 年 4 月 7 日の手稿に書いてあったので，普通「クリンゲンシェルナの公式」と呼ばれていたものである．本書では「シムソン=クリンゲンシェルナの公式」の意味で（SmK）と書いた．

例3. = (M6),「マチン氏が得た最良の級数」と書き添える．

例4. = (M2),

例5. = (M3),

例6. = (M1),「これがすべての中で最もシンプル」の注あり．

最後に自分の公式から得られる展開公式,

$$\frac{\pi}{6} = 2\operatorname{Arctan}\frac{1}{2\sqrt{3}} - \operatorname{Arctan}\frac{1}{15\sqrt{3}} \qquad \cdots (S)$$

を, 他の公式と同様に, 級数の形で示して論文を終えている．この後シムソンは直接マチンと連絡を取り合ったようで, マチンから (M5) と (M7) が知らされことを最後の注に書いている．これらの公式をまとめたのが上記の定理 8 であった．

なおトゥウェドゥルの論文は受理されたものの, 論文が編集者に送られる途中で紛失し, 印刷が 3 年も遅れたのだった．また, 刊行された後も余り脚光を浴びずに, その内容が知られていないのはとても残念なことだ．

また, マチンが円周率を 100 桁計算した時に (M6) 公式を用いたことは, トゥウェドゥルが王立協会を調査し, その目録 (Journal Book) をこまかく読み解くことで裏付けられて解決した．トゥウェドゥルの努力を多としたい．

トゥウェドゥル論文の最初にその目的を書いているが,「ほとんど知られていないロバート・シムソンによる π の級数についての手稿を論じ, それによって標準的な数学史において著しい混乱があるジョン・マチンの貢献を明らかにすることである．」とある．本書が日本においても円周率公式についての「著しい混乱」の解消に役立てば幸いである．

――――――(コラム 9 終)――

コラム 10：ニュートンとライプニッツ

🌿 双曲線の下の面積

円周率との関連に重点を置いて微分積分学の形成への動きを追い，ニュートンとライプニッツについてまとめてみよう．コラム 7 で 17 世紀の初頭にケプラーが，面積・体積を求める古代アルキメデスの厳密な幾何学的求積からの離陸を宣言したことを紹介した．特にデカルトによる便利な代数記号が使われるようになると，天才たちの様々なアイディアがあふれるように湧き出し，微分積分学の完成に向かってうねるような動きを見せていた．曲線の下の面積という形で「積分」が扱われ，「無限級数展開」の方法によって複雑な関数も実質的に「微分・積分」が行われたのである．この世紀の中頃までに，今の積分記号で $\int x^n dx = \dfrac{x^{n+1}}{n+1}[+C]$ であることが分かり，直角双曲線 $xy = 1$ の下の面積は対数の性質を持つことが発見された．今の記号では，$\int_1^a \dfrac{1}{x} dx = \log a$（自然対数）に気付いたのだ．

🌿 孤独な青年ニュートンの円周率計算

孤独な青年ニュートンは 21-3 歳の頃，双曲線下の面積に興味を持った．当時ペストの大流行でケンブリッジ大学が 2 度に渡って閉鎖されたのだが，そのときにウールスソープの自宅とその近くのブースビーで，$\log(1+x) = \int_0^x \dfrac{1}{x+1} dx$ の計算を繰り返している．彼は先ず，パスカルの三角形を逆向きに進めて，$\dfrac{1}{1+x} = 1 - x + x^2 - x^3 \pm \cdots (|x| < 1)$ と展開し，これを今の言葉で "項別

に積分"して，

$$\log(1+x) = x - \frac{x^2}{2} + \frac{x^3}{3} - \frac{x^4}{4} \pm \cdots (|x|<1)$$

を導いた．彼はこの公式に $x = \pm 0.1, \pm 0.2, \pm 0.01, \pm 0.02, \pm 0.001$，などを代入して，対数を 50 桁前後まで計算している．例えば log 1.1 については，1665 年の夏に 46 桁，秋には 55 桁，また別の時に 52 桁と計算を繰り返している．このような計算を繰り返す中で，この孤独な青年は微分積分学の核心をつかんだのだった．彼がすごいのは，これらを使って様々な対数の値を求めたことだ．例えば，$2 = \dfrac{1.2^2}{0.8 \times 0.9}$ なので，log2＝2log1.2－log0.8－log0.9 となる．この右辺の対数はすべて 50 桁以上計算してあったのである！

またウォリスの分数指数の計算に導かれて，彼は一般二項定理を発見する．これによって級数展開できる関数はぐんと増えて，例えば $\dfrac{1}{\sqrt{1-x^2}}$ を展開して "項別積分" することで，sine の逆関数 Arcsin x の級数展開も見つけ，さらにそれを逆に解いて，ヨーロッパ世界で最初に $\sin x$ の級数展開を見つけたのだった．

ニュートンの円周率計算法はユニークだ．半円 $y = \sqrt{x-x^2}$ を描き，直線 $x = \dfrac{1}{4}$ で切り取られる部分の面積を計算する．六分の一円から直角三角形を引けば求める面積 S になるとして，次式を導いた．

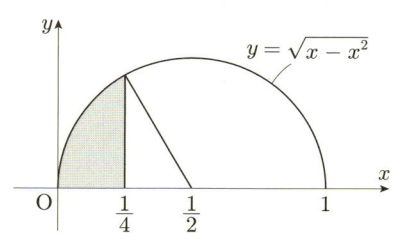

図 **3-14**　ニュートンの円周率計算

$$S = \frac{\pi}{6} \cdot \left(\frac{1}{2}\right)^2 - \frac{1}{2} \cdot \frac{1}{4} \cdot \frac{\sqrt{3}}{4}$$
$$= \frac{\pi}{24} - \frac{\sqrt{3}}{32}.$$

面積 S は，一般二項定理で $\sqrt{1-x}$ を展開し，それに $\sqrt{x}$ を掛けて項別に積分して計算した．こうして円周率 π を小数点以下 16 桁を計算したのである（丸め誤差で最後の 2 桁は違っている）．彼はこの後一気に "流率法" という名の微分法を作り上げてしまうのだ．

🍀 ニュートンのすぐ後を走り抜けたもう一人の天才

スコットランドにも天才が誕生した．ジェイムズ・グレゴリーは，幾何学的にではあるが，トリチェリ（Evangelista Trricelli；1608-1647）やバロウ（Isaac Barrow；1630-1677）と共に「微分積分学の基本定理」に最も早く気付いた一人だ．1667 年の『真の円と双曲線の求積』には，ニュートンのノートの中で求められていたことを知らないままに，三角関数と逆三角関数の級数展開が書いてあり，上記の定理 6, 7 が述べられている．さらに円周率 π とネイピア数 e が「超越数」であること，すなわち，いかなる整数係数の代数的方程式をも満たさないことを，史上初めて証明しようと考えている．そして 1671 年には何と「テイラー展開」を見つけてしまった．これを記したテイラー（Brook Taylor；1685-1731）の著書『増分法』は 1715 年に出版されたので，テイラーに 34 年も先立つ発見である！　天体観測中の不幸な事故によってわずか 36 歳で急逝したが，元気でいたらどこまですごいことをやったことだろう．

🍀 万能の天才ライプニッツ

もう一人の天才ライプニッツは，法学博士になることを目指して

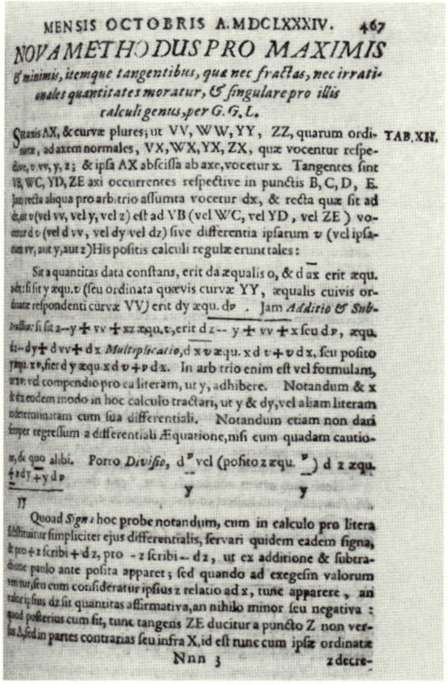

MENSIS OCTOBRIS A.MDCLXXXIV. 467

NOVA METHODUS PRO MAXIMIS & minimis, itemque tangentibus, quæ nec fractas, nec irrationales quantitates moratur, & singulare pro illis calculi genus, per G. G. L.

TAB. XII.

Sit axis AX, & curvæ plures, ut VV, WW, YY, ZZ, quarum ordinatæ, ad axem normales, VX, WX, YX, ZX, quæ vocentur respective, v, vv, y, z; & ipsa AX abscissa ab axe, vocetur x. Tangentes sint VB, WC, YD, ZE axi occurrentes respective in punctis B, C, D, E. Jam recta aliqua pro arbitrio assumta vocetur dx, & recta quæ sit ad dx, ut v (vel vv, vel y, vel z) est ad VB (vel WC, vel YD, vel ZE) vocetur dv (vel d vv, vel dy vel dz) sive differentia ipsarum v (vel ipsarum vv, aut y, aut z) His positis calculi regulæ erunt tales:

Sit a quantitas data constans, erit da æqualis o, & d ax erit æqu. a dx: si sit y æqu. v (seu ordinata quævis curvæ YY, æqualis cuivis ordinatæ respondenti curvæ VV) erit dy æqu. dv. Jam *Additio & Subtractio*: si sit z -- y + vv + x æqu. v, erit d z -- y + vv + x seu dv, æqu. dz -- dy + dvv + dx. *Multiplicatio*, d xv æqu. x dv + v dx, seu posito y æqu. xv, fiet dy æqu. x dv + v dx. In arbitrio enim est vel formulam, ut xv, vel compendio pro ea literam, ut y, adhibere. Notandum & x & dx eodem modo in hoc calculo tractari, ut y & dy, vel aliam literam indeterminatam cum sua differentiali. Notandum etiam non dari semper regressum a differentiali Æquatione, nisi cum quadam cautione, de quo alibi. Porro *Divisio*, d v/y vel (posito z æqu. v/y) d z æqu. ± v dy ∓ y dv / yy

Quoad *Signa* hoc probe notandum, cum in calculo pro litera substituitur simpliciter ejus differentialis, servari quidem eadem signa, & pro + z scribi + dz, pro - z scribi -- dz, ut ex additione & subtractione paulo ante posita apparet; sed quando ad exegesin valorum venitur, seu cum consideratur ipsius z relatio ad x, tunc apparere, an valor ipsius dz sit quantitas affirmativa, an nihilo minor seu negativa: quod posterius cum fit, tunc tangens ZE ducitur a puncto Z non versus A, sed in partes contrarias seu infra X, id est tunc cum ipsæ ordinatæ

Nnn 3　z decre-

図 **3-15**　ライプニッツの論文『極大と極小の新しい方法』(1684 年)

20 歳のときにライプツィッヒで書いた意欲的な著作『結合法論』(1666) において，早くも生涯の目標を次のように定めている．

(1) 諸学問の再編による体系化（「普遍学」構想）

(2) 体系構築のモデルとしての数学の重視

(3) 数学の基礎としての記号法の重視（記号的解析）

後の微分積分学構築もこのときの壮大なる「普遍学」構想の中で，その一環としてなされたものだったので，初めから記号法を極めて重視して行われたのである．1672 年に青年外交官としてパリにやってきて時代の最先端の数学と科学に出会った．本文で書いた通り，夢中で最新の数学を学ぶ中で，定理 7 の美しい公式を見つけ，その後一気に微分積分学を作り上げたのだった．1675 年の秋には，ノートに早くも dx や $\int$ 記号が登場し，翌年にパリを後にしたときには，数学の世界の最先端に躍り出ていたのだから驚きである．これが “ライプニッツのパリ時代” と呼ばれる奇跡の時だ．

図 3-16　トリニティ・カレッジ礼拝堂に立つニュートンの彫像（足元に Qui genus humanum ingenio superavit,　（その天才によりて人類を超えし者）と刻まれている）

図 3-17　ライプニッツ

　独自の哲学確立を目指しながら，宗教対立の融和のために宗教指導者たちと話し合い，さらに物理学にも新説を述べるなど，「万学の天才」としての超多忙な中で，1684 年には人類最初の微分の論文"極大・極小のための新しい方法（Nova Methodus）"が，86 年

には最初の積分の論文 "深奥なる幾何学" が公刊されたのだった.

　ライプニッツの論文は走り書きのような謎だらけのものだったが，その魅力に取り付かれてついにその論文を読み解き，その後ライプニッツの最初の協力者になって「微分積分学」発展のために力を尽くしたのが，バーゼルで活躍したベルヌーイ兄弟だ．兄ヤーコプ（Jacob　Bernoulli；1654-1705），と弟ヨーハン（Johann；1667-1748）はいずれ劣らぬ天才で（"二重の1等星" と表現した人がいるが，言い得て妙である），その "揺籃期" に微分積分学の発展に果たした役割は極めて大きい．それにも増して，ヨーハンは次の世代の天才オイラーを発見し育て上げたのであった．新しく作られた微分積分学は次々に難問を解決していき，また，早くも微分方程式や変分学の問題にも挑戦する．この時代のパイオニアたちの気迫には圧倒されるばかりだ．

――――（コラム10　終）――

§14　複素数の中に円周率を見出したオイラー

🌳 オイラーの公式

　すでに定理8の（M1）の（証明4）でオイラーの公式を使った．これは極めて重要な公式なので改めて説明しよう．虚数単位 $i = \sqrt{-1}$ を介して指数関数と三角関数が同一家族であることを明確に示す次の公式である：

$$e^{i\theta} = \cos\theta + i\sin\theta$$

実数の世界で考えると，"周期関数（変数に一定の値を加えるごと

に同じ関数値を取る関数)"の代表格である三角関数と，急速に大きくなる関数の代名詞でもある指数関数が同一家族であるとは，とても信じられないところだ．しかし18世紀の天才オイラーは，苦もなくこの公式を見つけてしまった．ポイントは$\cos^2\theta+\sin^2\theta=1$という式にある．彼はこれを"因数分解"してしまうのだ．

$$\cos^2\theta + \sin^2\theta = (\cos\theta + i\sin\theta)(\cos\theta - i\sin\theta)$$

そして次に，$(\cos\theta + i\sin\theta)(\cos\phi + i\sin\phi)$ を展開して，

$(\cos\theta + i\sin\theta)(\cos\phi + i\sin\phi) = (\cos\theta\cos\phi - \sin\theta\sin\phi) + i(\cos\theta\sin\phi + \sin\theta\cos\phi)$ を得ると，サイン，コサインの加法定理からあっさりと，$(\cos\theta + i\sin\theta)(\cos\phi + i\sin\phi) = \cos(\theta + \phi) + i\sin(\theta + \phi)$ を導く．これを繰返し使って，$\cos n\theta + i\sin n\theta = (\cos\theta + i\sin\theta)^n$ とする．いわゆる"ドゥ・モアヴルの定理"が出てきた．ここで，$n\theta = v, n \to \infty, \theta \to 0$ とすると，$\cos v + i\sin v = \lim_{n\to\infty}\left(\cos\dfrac{v}{n} + i\sin\dfrac{v}{n}\right)^n$．さらに，今の記号で，$\lim_{n\to\infty}\cos\dfrac{v}{n} = 1$, $\lim_{\theta\to 0}\dfrac{\sin\theta}{\theta} = 1$, であることを用いて，$\cos\dfrac{v}{n} = 1$, $\sin\dfrac{v}{n} = \dfrac{v}{n}$ としている．これはまだ「極限」がきちんと定義されていない当時の「極限」を扱う方法である．このようにして，右辺 =

$\lim_{n\to\infty}\left(1 + i\dfrac{v}{n}\right)^n$ とし，実数のときに成り立つ式，$\lim_{n\to\infty}\left(1 + \dfrac{x}{n}\right)^n = e^x$ を用いて，$\lim_{n\to\infty}\left(1 + i\dfrac{v}{n}\right)^n = e^{iv}$ を導いている．すでに知られていた等式を大胆に"虚数べき"に使ったのである．これこそが「オイラーの公式」である．今から見ると，危なっかしく見えるが，オイラーの直観は鋭く，ほとんどの場合に現在の基準でも合理化できるものばかりである．それに，彼の論法はいつも自然に流れ，気持ちよくついていくと，いつの間にか問題が解決しているので，軽い驚きと共に深い感動を覚える．

§14 複素数の中に円周率を見出したオイラー　　93

負数の対数をめぐる論争

　18世紀の初め，ライプニッツとヨーハン・ベルヌーイとの間で負数の対数をどう捉えるかという点をめぐって論争が起った．ライプニッツ流の微分積分学を協力して作り上げてきた二人は，多くの場合に折り合いをつけてきたが，ライプニッツの晩年に持ち上がったこの論争では，両者お互いに一歩も譲らず，数年後にうやむやの内に終わった．当時の数学にはまだ，複素数をきちんと受け止めるだけの素地が出来ていなかったのだ．さすがのライプニッツも困り抜いて，「虚数は存在と非存在の間の両生類ででもあろうか？」とつぶやいた時代なのである．

　さて，オイラーが『無限解析入門』の原稿を書き終えた1745年頃，ライプニッツとベルヌーイの書簡集が刊行されて，オイラーは上述した二人の論争に興味をもつ．そして負数に限らず一般の複素数に対する対数を深く考えているときに，対数が無限多価関数であることを発見するに至る．無限多価関数とは一つの変数の値に対して無限に多くの関数値とる"関数"である．オイラーの公式において，θ を $\theta + 2n\pi$ に変えても右辺の値は変わらないので，虚数べきの指数関数は純虚数を周期とする"周期関数"だったのである．したがって，周期的に同じ値を取る関数の逆関数である対数関数は無限多価関数になるのであった．分かってしまえば当たり前のことであるが，純虚数の周期が目に見えなかったために，誰も気付かなかったのである．オイラーは師ヨーハン・ベルヌーイの1702年の書簡に現れる等式：$\log i = \pi \dfrac{i}{2}$ を「ベルヌーイの美しい発見」と述べ，この式を，$\dfrac{\pi}{2} = \dfrac{\log i}{i}$ と書き直した上で，「円の半径は円周の4分の1に対し，$\sqrt{-1}$ の $\log\sqrt{-1}$ に対する比率と同じ比率を持つことをベルヌーイは示したのである．」と述べた．また自分でも類似の等式をいくつも見つけている．それらの中には，

$\log(-1) = \pi i$ すなわち, $\pi = \dfrac{\log(-1)}{i}$ という, 円周率を対数と虚数単位の比で表す公式もある. これは $e^{i\pi} = -1$, すなわち $e^{i\pi} + 1 = 0$ と書ける "美しい等式" である. また, 小川洋子さんのベストセラー小説の主題になった "博士の愛した数式" として憶えている方も多いことだろう. 対数が無限多価関数であることを正確に表すと, $\log(-1) = (2n+1)\pi i$ (n は任意の整数) となる. なお, 高瀬正仁は『無限解析のはじまり』(ちくま学芸文庫) で, 複素解析の原点は上記の「ベルヌーイの美しい発見」であり, その誕生は, オイラーによって対数が無限多価関数であることが発見された 1747 年であると, 熱く語る.

バーゼル問題の解決

オイラーはまだ 20 代の頃に, 当時の超難問である「バーゼル問題」を完全解決した. これは 1644 年にイタリアの数学者メンゴリ (Pietro Mengoli; 1625-86) が出した問題で,

$$B = 1 + \frac{1}{2^2} + \frac{1}{3^2} + \frac{1}{4^2} + \frac{1}{5^2} + \frac{1}{6^2} + \frac{1}{7^2} + \cdots$$

の値を求めよ, と問いかける. バーゼルの天才兄弟ヤーコブ・ベルヌーイとその弟ヨーハンがこの問題に執念を燃やし, いつしかこう呼ばれるようになった. 特に兄ヤーコブは「死後に生き返ったら, まずこの問題がどうなったか聞きたい」とまで言う入れ込みようである. ライプニッツもベルヌーイ兄弟も解けなかったこの難問は, 1735 年 28 才のオイラーのアイディアによってあっさりと解決した. そして, その和は何と $\dfrac{\pi^2}{6}$ になるのだった. 自然数の逆数の二乗を総和すると, 不思議なことに円周率 π が顔を出すのである. 彼自身の言葉を引用しよう.

「私は最近, 級数 $\dfrac{1}{1} + \dfrac{1}{4} + \dfrac{1}{9} + \dfrac{1}{16} + etc.$ の和に対して, 全く

思いがけなくエレガントな表現を導いたが，それは円[円周率のこと]を平方したものに基づいていて，この級数の真の和が得られればそこから直ちに円[同上]の平方が得られる．私はこの級数の6倍が，直径が1の円の円周の平方であることを発見した．…」

そして，$B = 1.6449340668482264364$ という19桁まで正しい級数の和の近似値も公表した．さらに彼はこの時，

$$\frac{\pi^4}{90} = 1 + \frac{1}{2^4} + \frac{1}{3^4} + \frac{1}{4^4} + \frac{1}{5^4} + \frac{1}{6^4} + \frac{1}{7^4} + \cdots$$

$$\frac{\pi^6}{945} = 1 + \frac{1}{2^6} + \frac{1}{3^6} + \frac{1}{4^6} + \frac{1}{5^6} + \frac{1}{6^6} + \frac{1}{7^6} + \cdots$$

などを一気に求めることに成功したのであった．

記号 π の意識的導入

オイラーは円周率を表す記号として「π」を導入した．若い頃に書いた力学の教科書『力学』全2巻（1736）は，幾何学的に書かれていて読みにくいニュートンの『プリンキピア』を，微分積分学を使った形に書き直した本として重要だが，その中で記号「π」を

CAPUT VIII.

De quantitatibus transcendentibus ex Circulo ortis.

126. Post Logarithmos & quantitates exponentiales considerari debent Arcus circulares eorumque Sinus & Cosinus, quia non solum aliud quantitatum transcendentium genus constituunt, sed etiam ex ipsis Logarithmis & exponentialibus, quando imaginariis quantitatibus involvuntur, proveniunt, id quod infra clarius patebit.

Ponamus ergo Radium Circuli seu Sinum totum esse $= 1$, atque satis liquet Peripheriam hujus Circuli in numeris rationalibus exacte exprimi non posse, per approximationes autem inventa est Semicircumferentia hujus Circuli esse $=$ 3, 14159265358979323846264338327950288419716939937510582097494459230781640628620899862803482534211706798214808651327230664709384460 $+$, pro quo numero, brevitatis ergo, scribam π, ita ut sit $\pi =$ Semicircumferentiæ Circuli, cujus Radius $= 1$, seu π erit longitudo Arcus 180 graduum.

図 3-18　オイラーの『無限解析入門』第1巻（1748年の初版本 p.93）第8章冒頭で 3.14159… と 127 桁を書き，すぐ続いて「これを簡単に π と書こう．」として意識的に π を導入した．

使った．しかし，それを意識的に広めようとしたのは名著『無限解析入門』全2巻（1748）の中である．その第1巻8章§126 で，次のように書いている：

　…すると［i.e. 円の半径を1に取ると］この円の周が有理数で正確に表せないことは明らかである；しかし半円周が近似的に $=$ 3, 14159 26535 89793 23846 26433 83279 50288 41971 69399 37510 58209 74944 59230 78164 06286 20899 86280 34825 34211 70679 82148 08651 32$\overset{*}{7}$23 06647 09384 46 $+$，であることが分かった，この数を短く

$$\pi,$$

と書こう．従って $\pi =$ 半円周，円の半径 $= 1$ のときの，であり，π は 180 度の弧長を表す．

ここに書かれた円周率 127 桁はラニー（Thomas F. de Lagny；1660-1734）による計算結果（1721）だが，ラニーのミスプリントもそのままになっている．113 桁目の$\overset{*}{7}$は 8 が正しい．

　こうして π と書けばそれが円周率を意味するようになったのである．

コラム 11：オイラーの慧眼(けいがん)

🌿 オイラーの生涯

　オイラーは 1707 年にスイスのバーゼルで生まれ，ペテルスブルグとベルリンの科学アカデミーで活躍した後，1783 年にペテルスブルグで死んだスイスを代表する数学者である．牧師の父パウルはバーゼル大学でヤーコブ・ベルヌーイから数学を学び，息子のレオンハルトの最初の数学教師になった．レオンハルトはバーゼル大学でヨーハン・ベルヌーイの数学の授業に出席する．やがてオイラーの才能がヨーハンの注意を引き，毎週土曜日にヨーハンの自宅に通い，有名な科学者モーペルテュイやヨーハンの子供たちと一緒に学ぶようになる．新設されて間もないペテルスブルクの科学アカデミーに呼ばれて 1741 年まで仕事をし，ベルリンに科学アカデミーが出来るとフリードリッヒ大王の要請で 1766 年までベルリンで仕事をした．そして再びペテルスブルグのアカデミーに戻ってそこで生涯を終える．

🌿 恐るべき計算力

　オイラーは膨大な計算を苦もなく実行した．フランスの物理学者

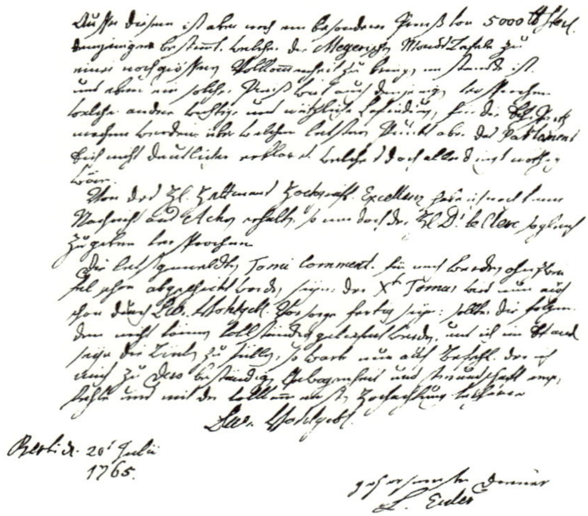

Berlin d. 20 Julii
1765.

L. Euler

図 **3-19**　オイラーの手紙（1765）

アラゴは「オイラーは人が息をするように，鷲が風に身を任せるように，さしたる苦労もせずに計算をした.」と評し，弔辞の中でコンドルセは「彼は計算することと生きることを止めた」と述べたほどだ. 30 歳そこそこで右眼を失明し，60 歳の頃には左眼の視力も失った. 全盲になってからも，弟子たちが異なる計算結果を持ってきたときに，どちらが正しいかを確かめるために暗算で小数点以下 50 桁の数を 17 項まで正確に計算したという. 信じられないほどの記憶力もあり，全盲というハンディーは計算上の大きな障害にはならなかったようだ.

近代数学の源泉

本文で引用した高瀬正仁著『無限解析のはじまり』の序文には，ヨーロッパ近代の数学の全史を回想して，こう書かれている.

「… レオンハルト・オイラーはさながら一個の巨大な貯水池

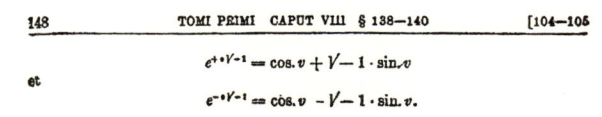

§14 複素数の中に円周率を見出したオイラー 99

```
148            TOMI PRIMI  CAPUT VIII §138–140        [104–105]

              e^{+v√−1} = cos.v + √−1 · sin.v
          et
              e^{−v√−1} = cos.v − √−1 · sin.v.
```

図 3-20 『無限解析入門』(全集 I-14), オイラーの公式が出る箇所

のようにぼくらの目に映じます. オイラー以前の数学的思索は, (中略), ことごとくみなオイラーに注ぎ込み, オイラーの魂を経由してはじめて今日に続く数学になりました. オイラー以後の数学はオイラーの数学思想に包まれていますから, 数学という不思議な学問を理解するための鍵をにぎっているのはまちがいなくオイラーです.」

まさにこの言葉の通り, 近代数学の源泉になった人だけあって, 膨大な著作によって, 数学を革新した. 中でも解析学3部作, すなわち, 『無限解析入門』(全2巻, 1748), 『微分学教程』(1755), 『積分学教程』(全3巻, 1768-70) はそれまでの成果を集大成すると共に, 現在の解析学のスタイルを作り上げた. それまでは曲線の接線とか面積という形で微分・積分が扱われていたのを, 「関数を微分・積分する」という形に変換し, それによって「関数」概念を数学の中心に据えたのであった. 他に『代数学への完璧な入門』(1770), 『変分学 (極大または極小の性質を備えた曲線を見つける方法)』(1744) があり, 数学以外でもニュートンの『プリンキピア』(1687) を, 解析学を使う形に書き直した『力学』(全2巻, 1736) もある. 「ケーニヒスベルクの橋渡り」(1736) と「オイラーの多面体定理」(1752) でグラフ理論の扉を開き, ライプニッツが使った「位置解析」という言葉に実質的な内容を与えた. それ以外にも数論において, フェルマーが証明せずに残した多くの"命題"に証明を与えて, この分野を極めて魅力的なものにするなど, 数学の全分野に大きな功績を残している.

────(コラム 11 終)────

§ 15　和算における円周率

🍂 和算の興隆

18世紀に見つかったマチンの公式とアークタンジェントの級数展開公式によって，円周率の計算は様変わりをした．それを追う前に，時系列的には多少前後するが，ここで日本固有の数学である「和算」における円周率計算について触れておこう．

徳川家康によって天下が統一されると生活も安定し，吉田光由（1598-1672）による『塵劫記』（初版1627）の出版によって一般市民の数学熱も高まり，自慢の結果を算額に記して神社仏閣に奉納することも流行した．またそれをきっかけとして日本独自の数学研究も盛んになり，多くの和算家が流派を作って切磋琢磨をする時代がやって来る．ここでは円周率計算に関係することに限って簡単に述べよう．

🍂 和算における円周率

『塵劫記』や『古今算法記』（沢口一之著；1671）は，円積率 = 0.79，すなわち $\pi = 3.16$ を用いたが，17世紀の後半には村松茂清（1608-1695）によって円周率が小数点21桁計算された（正しいのは7桁まで．『算俎』，1667）．彼の高弟関孝和（1645頃-1708）は，村松と同様に正方形から始めて 2^{17} 角形に至り，小数点19桁まで計算する（正しいのは16桁）．関の方法で特筆すべきは，辺の数を2倍にしたときの周長の増加の割合が $\frac{1}{4}$ に近づくことに気付いて，"増約術" を用いて効率化を図ったことである．この方法は20世紀に発見された "エイトケン加速" と呼ばれるものと同じものだ

った．1680年代に計算されたが，遺著の『括要算法』(1712) で公刊された．

関の一番弟子の建部賢弘 (1664-1739) は，この "増約術" を繰返し使うことにより，わずか1024角形を使って，小数点以下40桁まで正しく求めることが出来た（『綴術算経』, 1722）．細かいことだが，建部が書いた通りのやり方では37桁までしか求まらず，最後に別の加速法（リチャードソン加速）に切り換えたことが最近になって判明した．関孝和は円周率の公式は発見出来なかったが，建部は苦労の末に，π^2 の展開式を求めることに成功した．これはオイラーが発見し，1737年に手紙に書いたものと同じものである：

$$\frac{\pi^2}{8} = 1 + \frac{(1!)^2 \cdot 2^2}{4!} + \frac{(2!)^2 \cdot 2^3}{6!} + \frac{(3!)^2 \cdot 2^4}{8!} + \cdots$$

この素晴らしい公式を得るために建部がいかに苦労したか，『綴術算経』に添えた彼の言葉から分かる．天才関は常々「円積の類甚だ難し［難しい］」といっていたが，建部は「円積の類といえども，力を用いて必ず得るものと．すなわち，これ苦行に止まる故なり．」と述べ，苦行を重ねてついに力技で円の秘密を明らかにすることが出来たと書く．また彼が，兄の賢明 (1661-1716) の発見という "零約術" はヨーロッパで「連分数」と呼ばれるものと同じである．これは例えば，

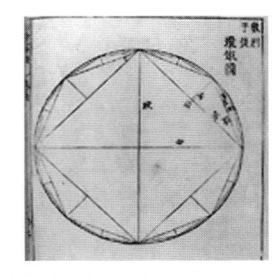

図 3-21 関孝和（左）と『括要算法』（中，右）

$$\pi = 3.14159265\cdots$$
$$= 3 + 0.14159265\cdots$$
$$= 3 + \cfrac{1}{7.06251330\cdots}$$
$$= 3 + \cfrac{1}{7 + 0.06251330\cdots}$$
$$= 3 + \cfrac{1}{7 + \cfrac{1}{15.996594\cdots}}$$
$$= 3 + \cfrac{1}{7 + \cfrac{1}{15 + 0.996594\cdots}}$$
$$= 3 + \cfrac{1}{7 + \cfrac{1}{15 + \cfrac{1}{1.003417\cdots}}}$$
$$= 3 + \cfrac{1}{7 + \cfrac{1}{15 + \cfrac{1}{1 + 0.003417\cdots}}}$$
$$= 3 + \cfrac{1}{7 + \cfrac{1}{15 + \cfrac{1}{1 + \cfrac{1}{292.63459\cdots}}}}$$

と，分母が次第に複雑になっていく．分母の整数部分を引き，残りの小数部分の逆数をとる，という操作を繰り返すのである．有理数なら有限回で終わり，無理数なら無限に繰り返される．これは近似分数を求める最も良い方法である．今挙げた例で言うと，最初の整数部分は 3，次に分母の 7 だけを使って小数部分を省略すると，$3 + \dfrac{1}{7} = \dfrac{22}{7} = 3.142857\cdots$．"約率" である．今省略した小数部分の逆数は $15.996594\cdots$ なので，小数部分を無視すると，$3 + \cfrac{1}{7 + \cfrac{1}{15}} = 3 + \dfrac{15}{106} = \dfrac{333}{106} = 3.1415094\cdots$ と良い近似値が現れる．

同様に進めて，次は $3 + \cfrac{1}{7 + \cfrac{1}{15 + \cfrac{1}{1}}} = 3 + \cfrac{16}{113} = \cfrac{355}{113} = 3.1415929\cdots$ という "密率" が現れる．

徳川8代将軍吉宗（1684-1751）は改暦に熱心であり，中国の授時暦がイエズス会宣教師によって作られたと知って，洋書の禁をゆるめ，学芸を奨励し，建部賢弘を重用した．九州には藩主でありながら数学者でもあった内藤政樹（よりゆき）（1703-1766）と有馬頼徸（よりゆき）（1714-1783）が出た．内藤は久留島義太（くるしま よしひろ）（?-1757）と松永良弼（よしすけ）（1692?-1744）を召し抱え，有馬は著書『拾璣算法』（しゅうき）（1769）で円周率を29桁正しく表す分数 $\dfrac{428224593349304}{136308121570117}$ を公表した．この時代が「和算史上の黄金時代」（平山諦著『和算の歴史』，ちくま学芸文庫）と言える．松永は建部の仕事をさらに進め，1739年に円周率を53桁（内51桁が正しい）計算し，さらに π そのものを表す展開式を見つけた．これはアークサインを利用した展開式 $\left(2\mathrm{Arcsin}\dfrac{1}{2}\right)$ である：

$$\frac{\pi}{3} = 1 + \frac{1^2}{2^2 \cdot 3!} + \frac{(1 \cdot 3)^2}{2^4 \cdot 5!} + \frac{(1 \cdot 3 \cdot 5)^2}{2^6 \cdot 7!} + \cdots$$

その後安島直円（あじま なおのぶ）（1732-1798）が出て，「円理2次綴術」によって円の面積計算に「積分」と同じ考えを使った．また，次の展開式 $\left(\text{実質的に，} \displaystyle\int_0^1 \sqrt{1-x^2}dx \text{ の展開}\right)$ を見つけている：

$$\frac{\pi}{4} = 1 - \frac{1}{2 \cdot 1! \cdot 3} - \frac{1}{2^2 \cdot 2! \cdot 5} - \frac{1 \cdot 3}{2^3 \cdot 3! \cdot 7} - \frac{1 \cdot 3 \cdot 5}{2^4 \cdot 4! \cdot 9} - \cdots$$

安島の考えをさらに推し進めて「円理」を完成させたのが和田寧（やすし）（1787-1840）である．事実上の「定積分」の表を作り，種々の曲線を研究した．易占で生活を支えながら極貧の中で生涯を終えた．死後その著書など金に変えられるものはすべて売り払われて

しまったが，内田五観(いつみ)(1805-1882)などの弟子たちの著書でその内容は伝えられた．すでに幕末も近く，和算の将来を暗示するような和算最後の巨星の死であった．

🍀 孤高の高み「和算」の終焉

以上見てきたように，微分積分学の発見によって勢いづくヨーロッパ数学と無縁の島国において，素晴らしいアイディアの数々によって，部分的には肩を並べるような結果が得られたこと特筆すべきことである．和田と同時代の和算家古川氏一 (1783-1837) は，その著書『算話随筆』(1811 年頃) において，円周率を 60 桁以上計算した結果を「西洋の数学書」と比べ，ピタリと一致した感動を次のように記している：

　「嗚呼算数の妙なる，能(よ)くその精密を尽くすに至れば，千万里を隔つと雖(いえど)もいささか違うことなし．所謂(いわゆる)算は至直の道なるもの也．」(小倉金之助著『近代日本の数学』から引用)

「数学」という学問の性格を正直に書いていて気持ちが良い．しかし和算においては個々の級数計算などで時折素晴らしいアイディアを見せたものの，記号の不便さも手伝って，「関数」概念が生まれず，「微分積分学」がアルゴリズムとして完成されることはなかった．和算が島国における孤高の高みで終わってしまったのは残念なことであった．

明治維新の混乱の中で，明治政府は明治 5 年 (1872) の「学制」で学校教育を「洋算」に基づくものに決定した．「学制」第 27 章に「尋(じん)常(じょう)小学ヲ分テ上下二等トス　此(この)二等ハ男女共必ス卒業スヘキモノトス　下等小学教科 (一部省略) 九　算術　九々数位加減乗除但(ただし)洋法ヲ用フ」とある．余りに突然の決定だったが，「和算」のレベルの高さと民間の数学愛好家の多さで，すぐにわが国に「洋算」

が根付いたのだった．現に，日本最初の学会として明治 10 年に作られた「東京数学会社」（日本数学会の前身；初代総代は神田孝平（たかひら）と柳楢悦（ならよし））の創立メンバー 117 人の 7 割ほどが和算家であったと伝えられている．

コラム 12：危うく「円周率 =4」が法律に

「歴史の中の円周率」を終えるにあたり，円周率の歴史における最も奇怪な事件を紹介しよう．「円周率 =4」が危うく法律になりかかったという話だ．舞台は 19 世紀終わりの "文明国" アメリカである．インディアナ州で内科医のグッドウィン (Edwin Goodwin; 1825-1902) が，古代ギリシアの三大作図問題と苦闘し，それらを「解決」したと主張する．そして「円の面積は，四分円の弧を一辺とする正方形の面積に等しいことが分かった」と書いた．この円の半径を r とすると，$\left(\frac{2\pi r}{4}\right)^2 = \pi r^2$ より，何と $\pi = 4$ となる．言い換えると，ある円の面積は，それに外接する正方形の面積に等しいことを示すもので，間違いは一目瞭然である．しかし 1897 年 1 月 18 日，州議会に州法 246 号議案「新しい数学的真実導入法案（通称：インディアナ・pi 法案）」が提出された．この法案にはこの "定理" の後に，「中心角 90°に対する弦と弧の比は 7：8」，および「直径と円周の比は $\frac{5}{4}$：4」と書かれていて，これらは「$\pi = 16\sqrt{\frac{2}{7}} = 3.232488\cdots$」と「$\pi = 3.2$」を意味する．何とこの法案では，3 つの異なった π の値を示唆しているのである．2000 年以上も昔にアルキメデスが $\frac{223}{71} < \pi < \frac{22}{7}$ であることを示していたのに，である．その上に「正方形の対角線と一辺の比は 10：7」という言明まであって，話を一層面白くしている．グッドウィンさんも頑張って，何とも矛盾だらけの "定理" をたくさん "証明" したものだ．またそれを法案とした人たちも，一体何を考えていたものか！

しかし審議はとんとん拍子で進み，下院では 2 月 5 日に満場一致（67：0）でこの法案が通過し，2 月 11 日に上院に回された．上

図 3-22　インディアナ州議会

院の委員会でも「法案を成立させるべし」とのコメントをつけて上院に戻されたのだが，下院を通過したことが報じられると反論が寄せられ，ちょうどインディアナにいた数学者ワルド教授が上院で説明して，2月12日上院本会議で無期延期の動議が通って事なきを得た．

　こんなことが「文明国」で？　と驚くが，そういえばどこかの「文明国」でも「$\pi =$ およそ 3」という教育が行われそうになったのだったのだから，他人事と笑ってはいられない．

――――（コラム 12　終）――

問 3.1

半径 r の円 O の周上に AB $= r$ となる 2 点 A, B をとって, AB の中点を M とし, OM の延長線と円周との交点を N とする. AN の長さ ℓ を r を用いて表せ. また, $\dfrac{6\ell}{r}$ を求めよ. ($\sqrt{}$ を使ったままの形と, 10 進小数の形で計算せよ.)［内接正 12 角形の周と直径の比］

問 3.2

問 3.1 で, さらに A, N の中点を P とし, OP の延長線と円周との交点を Q とする. Q を通り AN に平行な直線が OA, ON の延長と交わる点を S, T とする. ST の長さ s を r で表し, $\dfrac{6s}{r}$ を求めよ. ($\sqrt{}$ を使ったままの形と, 10 進小数の形で計算せよ.)［外接正 12 角形の周と直径の比］

問 3.3

内接正六角形の周を $a_1 = 6r$ とし, 問 3.1 の ℓ を使って内接正 12 角形の周を $a_2 = 12\ell$ とする. さらに内接正 24 角形の周を a_3 とする. $\dfrac{a_3}{2r}$ を求めよ. (10 進小数で小数 5 桁まで計算せよ.)［内接正 24 角形の周と直径の比］

問 3.4

円周率 π が 3.05 より大きいことを証明せよ．（東京大学 2003 年入学試験問題）

問 3.5

定理 5 を証明せよ：

半径 r の円に内接する正 n 角形の周の長さを ℓ_n とし，外接する正 n 角形の周の長さを L_n とすると，

$$\ell_{2n} = \sqrt{\ell_n L_{2n}},$$
$$L_{2n} = \frac{2\ell_n L_n}{\ell_n + L_n}.$$

問 3.6

π の近似分数 $\dfrac{3927}{1250}$ において，「割り算をしては整数部分を除いて逆数をとる」という操作を繰り返すと，$\dfrac{3927}{1250} = 3 + \dfrac{177}{1250}$, $\dfrac{1250}{177} = 7 + \dfrac{11}{177}$, $\dfrac{177}{11} = 16 + \dfrac{1}{11}$, となる．最後の $\dfrac{1}{11}$ を省略して，16 で置き換えると，$\dfrac{11}{177} \fallingdotseq \dfrac{1}{16}$, である．したがって，$\dfrac{1250}{177} \fallingdotseq 7 + \dfrac{1}{16} = \dfrac{113}{16}$ だから，$\dfrac{177}{1250} \fallingdotseq \dfrac{16}{113}$, よって $3 + \dfrac{177}{1250} \fallingdotseq 3 + \dfrac{16}{113} = \dfrac{355}{113}$ となることを確かめよ．

問 3.7

数独

3				9	5			
	1			2		5		3
		4		1				6
2			1	4			5	
8								
6	7	5			3		1	9
1	9			5	2		3	4
		2				8		
	5			6	8	9		1

第4章

円周率を計算する

　わたしの仕事のひとつはスーパーコンピューターを使って，いろいろな問題をどうやったら速く正確に計算できるかを研究することです．πの計算ばかりやっているわけではありません．ただ，πをスーパーコンピューターで計算するとコンピューターの性能をチェックすることができます．これはわたしの仕事に役立ちます．また，コンピューターを動かすプログラムを改良していくためのヒントをたくさん与えてくれます．（金田康正著『πのはなし』，東京図書，1991）

スーパーコンピューター，T2K筑波システム
（2009年8月，高橋が円周率2兆5769億桁を計算した）

§16 円周率を表す公式たち

🌿 ウォリスの公式

§13 と §15 で，ヨーロッパと日本で見つかった円周率を表す公式を紹介した．特に定理 7 と定理 8 で代表的な公式を挙げておいた．それを補う形で，さらに円周率を表す公式をまとめておこう．

§12 で述べた通り，ヨーロッパ世界に 200〜300 年先駆けて，インドのケーララ学派ではアークタンジェントの展開式が知られていて，定理 6 や定理 7 はすでに使われていた．ヨーロッパ世界に限定すると，初めて見つかった円周率を表す式は，1593 年のヴィエトによる $\sqrt{}$ を使った無限乗積公式である：

定理 9　ヴィエトの公式

$$\pi = 2 \cdot \frac{2}{\sqrt{2}} \cdot \frac{2}{\sqrt{2+\sqrt{2}}} \cdot \frac{2}{\sqrt{2+\sqrt{2+\sqrt{2}}}} \cdot \frac{2}{\sqrt{2+\sqrt{2+\sqrt{2+\sqrt{2}}}}} \cdots$$

[証明]　2 倍角の公式：$\sin 2\theta = 2\sin\theta\cos\theta$ を繰返し使って，

$$\begin{aligned}
1 &= \sin\frac{\pi}{2} = 2\sin\frac{\pi}{4}\cdot\cos\frac{\pi}{4} = 2^2\sin\frac{\pi}{8}\cdot\cos\frac{\pi}{8}\cdot\cos\frac{\pi}{4} \\
&= 2^3\sin\frac{\pi}{16}\cdot\cos\frac{\pi}{16}\cdot\cos\frac{\pi}{8}\cdot\cos\frac{\pi}{4} = \cdots \\
&= 2^{n-1}\sin\frac{\pi}{2^n}\cdot\cos\frac{\pi}{2^n}\cdot\cos\frac{\pi}{2^{n-1}}\cdot\cos\frac{\pi}{2^{n-2}}\cdots\cos\frac{\pi}{16} \\
&\quad \cdot\cos\frac{\pi}{8}\cdot\cos\frac{\pi}{4}
\end{aligned}$$

よって，コサインの順序を逆にして，

§16 円周率を表す公式たち

$$\frac{1}{2^{n-1}\sin\frac{\pi}{2^n}} = \cos\frac{\pi}{4}\cdot\cos\frac{\pi}{8}\cdot\cos\frac{\pi}{16}\cdots\cos\frac{\pi}{2^{n-1}}\cdot\cos\frac{\pi}{2^n}$$

$$\therefore \frac{2}{\pi}\cdot\frac{\frac{\pi}{2^n}}{\sin\frac{\pi}{2^n}} = \cos\frac{\pi}{4}\cdot\cos\frac{\pi}{8}\cdot\cos\frac{\pi}{16}\cdots\cos\frac{\pi}{2^{n-1}}\cdot\cos\frac{\pi}{2^n}$$

$\cos\frac{\pi}{4} = \frac{1}{\sqrt{2}}$ と半角の公式：$\cos\frac{\theta}{2} = \sqrt{\frac{1+\cos\theta}{2}}$ より，

$$\cos\frac{\pi}{4} = \frac{\sqrt{2}}{2}, \cos\frac{\pi}{8} = \sqrt{\frac{1+\frac{\sqrt{2}}{2}}{2}} = \frac{\sqrt{2+\sqrt{2}}}{2},$$

$$\cos\frac{\pi}{16} = \sqrt{\frac{1+\frac{\sqrt{2+\sqrt{2}}}{2}}{2}} = \frac{\sqrt{2+\sqrt{2+\sqrt{2}}}}{2}, \cdots.$$

ところで，$\lim_{\theta\to 0}\frac{\sin\theta}{\theta} = 1$ が微分積分学で証明されているので，$\lim_{n\to\infty}\frac{2}{\pi}\cdot\frac{\frac{\pi}{2^n}}{\sin\frac{\pi}{2^n}} = \frac{2}{\pi}$ である．これを書き直せば定理を得る． □

ヴィエトの公式の次にヨーロッパ世界で見つかったのは，1655年に刊行された著書『無限の算術』で明らかにされたウォリス（John Wallis；1616-1703）の公式である．まだ微分積分学が出来る前のことであった．「積分」の言葉で言えば，四分円の面積 $S = \int_0^1 \sqrt{1-x^2}dx$ を見付けるために，ウォリスは苦闘していた．この著書の前半では，$\int_0^1 x^p dx = \frac{1}{1+p}$ を述べ，表を作って類推することで，この式は p が正の有理数のときにも成り立つと主張した．そして後半では，$\int_0^1 \sqrt{(1-x^q)^r}dx$ を考察する．簡単な q, r についての計算を表にまとめることによって，正の有理数の場合の式を類推するのである．後にニュートンにヒントを与え，彼に一般二項

定理を発見するきっかけを与えた重要なポイントである．こうして $\sqrt{}$ を含まない自然数だけを使った無限乗積の公式を見つけたのだった．

定理 10　ウォリスの公式

$$\frac{\pi}{2} = \frac{2\cdot 2}{1\cdot 3}\cdot\frac{4\cdot 4}{3\cdot 5}\cdot\frac{6\cdot 6}{5\cdot 7}\cdot\frac{8\cdot 8}{7\cdot 9}\cdots$$

[証明]　ここでは，オイラーによる正弦関数（サイン）の無限乗積展開を使って簡単に証明しよう．

$$\frac{\sin x}{x} = \prod_{k=1}^{\infty}\left(1 - \frac{x^2}{\pi^2 k^2}\right).$$

$x = \dfrac{\pi}{2}$ とおくと，

$$\frac{2}{\pi} = \prod_{k=1}^{\infty}\left(1 - \frac{1}{4k^2}\right) = \prod_{k=1}^{\infty}\frac{(2k)^2 - 1}{(2k)^2} = \prod_{k=1}^{\infty}\frac{(2k-1)(2k+1)}{(2k)^2}$$

これを逆数にして分数で具体的に書いたものが定理である．　□

この結果をウォリスがブラウンカー（William Brounker；1620-1684）に報せたところ，彼は連分数を使って，次の定理のように書き直した：

定理 11　ブラウンカーの公式

$$\frac{4}{\pi} = 1 + \cfrac{1^2}{2 + \cfrac{3^2}{2 + \cfrac{5^2}{2 + \cfrac{7^2}{\cdots}}}}$$

証明は省略するが，きれいな表示だ．連分数は最大公約数を求める「ユークリッド（エウクレイデス）の互除法」と密接に関連している．その理論をきちんと作り，"continued fraction" の名前を与えたのはウォリスである（1695）．18世紀に入ってオイラーが詳しく研究して，よく知られるようになった．オイラーは連分数を使って，ネイピア数 e が無理数であることを証明したのである．

🌿 アークタンジェントを用いた円周率計算公式

定理6は使いやすいので，アークタンジェントを用いて円周率 π を表す公式がたくさん作られる．早くも17世紀中に§13で述べた "グレゴリー=ライプニッツ公式"（定理7），"ハリーの公式"（H），"ニュートンの公式"（N）が見つかった．ハリーはアークタンジェントの展開式に $x = \dfrac{1}{\sqrt{3}}$ を代入して，

$$\frac{\pi}{6} = \operatorname{Arctan} \frac{1}{\sqrt{3}} \qquad \cdots (\mathrm{H})$$

を求めた．収束が遅いこの公式に代わってニュートンの公式（N）以降，複数個のアークタンジェントを組み合わせて計算するようになる．18世紀に入るとマチンが "マチンの公式たち"（定理8）を見つけてアークタンジェント公式は一気ににぎやかになる．計算に便利なこれらの公式たちを再度まとめ，さらに何度も世界記録樹立に使われた3つの公式（§13, p.79）を定理12としておこう．

$$\frac{\pi}{6} = \text{Arctan}\, \frac{1}{\sqrt{3}} \qquad \cdots\cdots \text{(H)}$$

$$\frac{\pi}{4} = \text{Arctan}\, \frac{1}{2} + \frac{1}{2}\text{Arctan}\, \frac{4}{7} + \frac{1}{2}\text{Arctan}\, \frac{1}{8} \qquad \cdots \text{(N)}$$

$$\frac{\pi}{4} = \text{Arctan}\, \frac{1}{2} + \text{Arctan}\, \frac{1}{3} \qquad \cdots\cdots \text{(M1)}$$

$$\frac{\pi}{4} = 2\,\text{Arctan}\, \frac{1}{2} - \text{Arctan}\, \frac{1}{7} \qquad \cdots\cdots \text{(M2)}$$

$$\frac{\pi}{4} = 2\,\text{Arctan}\, \frac{1}{3} + \text{Arctan}\, \frac{1}{7} \qquad \cdots\cdots \text{(M3)}$$

$$\frac{\pi}{4} = 3\,\text{Arctan}\, \frac{1}{4} + \text{Arctan}\, \frac{5}{99} \qquad \cdots\cdots \text{(M4)}$$

$$\frac{\pi}{4} = 3\,\text{Arctan}\, \frac{1}{4} + \text{Arctan}\, \frac{1}{20} + \text{Arctan}\, \frac{1}{1985} \qquad \cdots\cdots \text{(M5)}$$

$$\frac{\pi}{4} = 4\,\text{Arctan}\, \frac{1}{5} - \text{Arctan}\, \frac{1}{239} \qquad \cdots\cdots \text{(M6)}$$

$$\frac{\pi}{4} = 8\,\text{Arctan}\, \frac{1}{10} - \text{Arctan}\, \frac{1}{100} - \text{Arctan}\, \frac{11}{5637} \\ + \text{Arctan}\, \frac{10893}{41480222056636} \qquad \cdots\cdots \text{(M7)}$$

定理 12

$$\frac{\pi}{4} = 8\,\text{Arctan}\, \frac{1}{10} - \text{Arctan}\, \frac{1}{239} - 4\,\text{Arctan}\, \frac{1}{515} \qquad \cdots\cdots \text{(SmK)}$$

$$\frac{\pi}{4} = 12\,\text{Arctan}\, \frac{1}{18} + 8\,\text{Arctan}\, \frac{1}{57} - 5\,\text{Arctan}\, \frac{1}{239} \qquad \cdots\cdots \text{(G)}$$

$$\frac{\pi}{4} = 6\,\text{Arctan}\, \frac{1}{8} + 2\,\text{Arctan}\, \frac{1}{57} + \text{Arctan}\, \frac{1}{239} \qquad \cdots\cdots \text{(St)}$$

このような公式は無数に存在し，現在に至るまで多数発見されている．そのうちで，金田さんが 1 兆 2411 億桁（2002.11）を計算して，当時の世界記録を更新したときに用いた 2 つの公式を記録しておく．このときには敢えて日本の詩人高野喜久雄さんの公式（T；1982）と，もう一つのシュテルマーの公式（St'；1896）を使

ったのだった．高野喜久雄（たかの きくお；1927-2006）さんは神奈川県立高校の元数学教師，シュテルマー（Carl Størmer；1874-1957）はノルウェーの数学者・気象学者である．

$$\frac{\pi}{4} = 12\operatorname{Arctan}\frac{1}{49} + 32\operatorname{Arctan}\frac{1}{57} - 5\operatorname{Arctan}\frac{1}{239}$$
$$+ 12\operatorname{Arctan}\frac{1}{110443} \qquad \cdots\cdots (\mathrm{T})$$

$$\frac{\pi}{4} = 44\operatorname{Arctan}\frac{1}{57} + 7\operatorname{Arctan}\frac{1}{239} - 12\operatorname{Arctan}\frac{1}{682}$$
$$+ 24\operatorname{Arctan}\frac{1}{12943} \qquad \cdots\cdots (\mathrm{St'})$$

ここで参考までに，いくつかの公式で π を正確に 100 桁まで計算するために，何項まで計算する必要があるか，まとめておこう．

（H）は 206 項まで，（M1）は第 1 項が 165 項までと第 2 項が 104 項まで，（M6）は第 1 項が 71 項までと第 2 項が 22 項まで，（G）は第 1 項が 40 項までと第 2 項が 29 項まで，第 3 項が 22 項まで，（T）は第 1 項が 30 項までと第 2 項が 29 項まで，第 3 項が 22 項までと第 4 項が 10 項まで，などとなる．

🍂 ラマヌジャンの不思議な公式

全時代を通じて最も不思議な天才数学者，インドのラマヌジャン（Srinivasa Ramanujan；1887-1920）を紹介しよう．正規の数学教育は受けずに数学の公式集で数学を学び，自己流で数学の研究を始めたが，20 世紀前半の代表的な数学者ハーディーに見出されてイギリスに渡り，次々に不思議な公式を見つけた．論証を重ねて発見するのではなく，「夢の中で女神ナマギリが告げた」といっては，すごい公式たちを証明も説明もないままに次々にノートに書きつけたのである．残念ながらイギリスの気候や食料などが身体に合わず，病を得てインドに戻り，わずか 32 歳で亡くなった．

まだインドにいた1910年に，創立されたばかりのインド数学会誌で，「円周率は超越数である」というリンデマンの定理（定理19）が紹介された．青年ラマヌジャンはすぐに論文を書き，πの近似値を$\sqrt[4]{\dfrac{2143}{22}}$と与えた．これは**3.14159265**258$\cdots$となる精密な近似値である．これは地球を完全な球と見たときに，その全周をわずか4センチメートルの誤差で測るほどの精度である．

彼の発見になる正確な円周率の公式もあり，一つは次のような形をしている．

定理 13　ラマヌジャン公式

$$\frac{1}{\pi} = \frac{\sqrt{8}}{9801} \sum_{n=0}^{\infty} \frac{(4n)!(1103+26390n)}{(n!)^4 \cdot 396^{4n}} \qquad \cdots (R)$$

この公式は項が一つ増えるごとに，およそ8桁ずつ円周率の値が求まっていく．ゴスパー（William Gosper；1943-）は1985年にこの公式を使って，当時の世界記録である1750万桁を計算した．ラマヌジャンのノートには類似の公式が17個も書きつけてあった．いずれも不思議な美しさに満ちている．その中から一つだけを紹介しよう．

$$\frac{1}{\pi} = \sum_{n=0}^{\infty} \binom{2n}{n}^3 \frac{42n+5}{2^{12n+4}}$$

これらの公式たちはすべて20世紀の終わりまでに証明された．ちょうどその頃，効率の良い同類の公式がウクライナ出身でアメリカで活躍しているチュドゥノフスキー兄弟（David & Gregory Chudnovsky；1947- & 1952-）によって発見された：

$$\frac{1}{\pi} = 12 \sum_{k=0}^{\infty} (-1)^k \frac{(6k)!}{(3k)!(k!)^3} \cdot \frac{13591409 + 545140134k}{640320^{3k+\frac{3}{2}}} \quad \text{(C)}$$

これは項が一つ増えるごとに大体 15 桁ずつ π の値が求まる優れものである．この公式を使って，1989 年から数年間，チュドゥノフスキー兄弟と日本の金田康正さん（1948-）との間で，円周率計算のデッドヒートが行われたのであった．

🍂 新しい公式

ちょうどスーパーコンピューターが導入される頃，高速計算に適した全く新しい計算公式が発見された．これはガウス=ルジャンドルの「算術=幾何平均（**AGM**）」を用いるものである．2 つの正数 a, b の AGM（これを $M(a,b)$ と書く）は次のように定義する．$a_0 = a$, $b_0 = b$ とし，$a_{k+1} = \dfrac{a_k + b_k}{2}$, $b_{k+1} = \sqrt{a_k b_k}$ によって数列 $\{a_k\}$, $\{b_k\}$ を定義するとき，数列 $\{a_k\}$, $\{b_k\}$ の共通の極限値である．これは急速に同じ極限値に収束する．ガウスが 1799 年に行った $M(\sqrt{2}, 1)$ の計算では，

$a_0 = \mathbf{1.414213562373}\cdots, b_0 = \mathbf{1},$

$a_1 = \mathbf{1.207106781186}\cdots, b_1 = \mathbf{1.189207115002}\cdots$

$a_2 = \mathbf{1.198}156948094\cdots, b_2 = \mathbf{1.198}123521493\cdots$

$a_3 = \mathbf{1.198140234}793\cdots, b_3 = \mathbf{1.198140234}677\cdots$

と進み，$|a_6 - b_6| < 10^{-86}$ となる．この AGM を用いて，次のアルゴリズムで円周率 π を計算するのである．1976 年にアメリカのスタンフォード大学生サラミン（Eugene Salamin；1955-）と，オーストラリアの計算機科学者ブレント（Richard Brent；1946-）が独立に発見した．

定理 14　AGM 公式

$a_0 = 1, \ b_0 = \dfrac{1}{\sqrt{2}}, \ T_0 = \dfrac{1}{4}$ とし,

$$a_{k+1} = \frac{a_k + b_k}{2}, b_{k+1} = \sqrt{a_k b_k}, T_{k+1} = T_k - 2^k(a_k - a_{k+1})^2$$

とするとき,

$$\pi = \lim_{k \to \infty} \frac{a_{k+1}^2}{T_k}$$

これは収束が速く,わずか 25 回の反復適用で 4500 万桁まで正しく求まるという.最初の数項を見ておこう.

3.140579250518..., **3.141592646212...**, **3.141592653587...**

と続いていく.この公式も何回も世界記録樹立に使われている.

ボルウェインの公式

スコットランドの出身でカナダの大学で活躍するボルウェイン兄弟(Jonathan & Peter Borwein；1951- & 1953-)もたくさんの円周率公式を見つけている.例えば「2 次収束の公式」は次のようなものだ.

$a_0 = \sqrt{2}, \ b_0 = 0, \ p_0 = 2 + \sqrt{2}$ とし，

$$a_{k+1} = \frac{\sqrt{a_k} + \dfrac{1}{\sqrt{a_k}}}{2},$$
$$b_{k+1} = \frac{(1+b_k)\sqrt{a_k}}{a_k + b_k},$$
$$p_{k+1} = \frac{(1+a_{k+1})p_k b_{k+1}}{1 + b_{k+1}}$$

とするとき，$\pi = \lim_{k \to \infty} p_k$

この他にも，「3 次収束」「4 次収束」「5 次収束」「9 次収束」の公式などがあり，いずれも極めて効率の良い計算公式である．

🍂 2 進法による画期的な計算公式

20 世紀も終わろうとする頃，2 進法による画期的な計算公式が発見された．カナダ・ケベック州出身のプルーフ（Simon Plouffe；1956-）が 1995 年に発見し，アメリカのベイリー（David Bailey；1948-），カナダのピーター・ボルウェイン（弟の Peter）との共著の論文（1997）で公表されたので，**BBP** 公式と略称される．何が画期的かというと，それまでの公式は 3 ⇒ 1 ⇒ 4 ⇒ 1 ⇒ 5 ⇒ 9 ⇒ 2 ⇒ 6 ⇒ 5 ⇒ ⋯ と，最初の桁から順に求めるしかなかったのに対して，この BBP 公式では，16 進法（したがって 2 進法などでも）の何桁目でも求められることである．そのような公式はないと思われていたので，この発見は驚きであった．これは次のような形をしている．

定理 15 BBP 公式

$$\pi = \sum_{n=0}^{\infty} \frac{1}{16^n} \left(\frac{4}{8n+1} - \frac{2}{8n+4} - \frac{1}{8n+5} - \frac{1}{8n+6} \right)$$

詳しい説明は省くが，例えば $d = 1{,}000{,}000$ とし，両辺に 16^d を掛けて，$\sum$ 内の 4 つの分数に対応する小数部分だけに注目すると，順に

$$0.1810395338\cdots, 0.7760655498\cdots, 0.3624585640\cdots,$$
$$0.3861386739\cdots$$

となり，$16^d \pi$ の小数部分は

$$4 \times 0.1810395338\cdots - 2 \times 0.7760655498\cdots - 0.3624585640\cdots$$
$$- 0.3861386739\cdots + 2 = 0.4234297975\cdots$$

となる．以下，「小数部分をとっては 16 倍する」という操作を繰り返すと，

$$6.77487\cdots, 12.39802\cdots, 6.36845\cdots$$

となり，整数部分が $6, 12, 6, 5, 14, 5, 2, 12, 11, 4, \cdots$ と続いていく．16 進数表記で，A $= 10, \cdots,$ F $= 15$，とすると 6C65E52CB4$\cdots$ となるが，これが π の 16 進表示の $d+1$ 桁目からの数になるのである．

公式の証明は次の積分で簡単に分かる．これは大学初年級の解析学の知識で充分である．章末問題に取り上げておこう．

$$\pi = \int_0^1 \frac{16y - 16}{y^4 - 2y^3 + 4y - 4} dy.$$

BBP 公式に類似の公式はその後多数見付かっている．積分との関係で興味深いので，すでに 1960 年代半ばにマーラー（Kurt

Mahler；1903-1988) が試験問題に出したという等式を記録しておこう．この式から，$\pi < \dfrac{22}{7}$ であることがすぐに分かるという意味でも興味深い．この等式も章末問題に取り上げておく．

$$\pi = \frac{22}{7} - \int_0^1 \frac{x^4(1-x)^4}{1+x^2}dx$$

なお，10 進数でも同様の公式はないかと探索されたが，残念ながら存在しないことが示された．

§ 17　円周率の計算競争

計算機以前

古代から現代に至るまで，円周率 π は世界中で計算され続けている．それらについてはこれまでの説明の中でも触れてきたが，ここでそれらの代表的なものをまとめてみよう．年代，人名，計算された円周率の値の桁数，使われた計算公式，などを表にしてみる．以下において，正しい桁までの数値を太字（ボルド・フェイス）で表す．

計算公式は次のように略している．

　　　(多角形) アルキメデスの多角形を用いる方法
　　　(H)：ハリーの公式,　　　　　(M6)：マチンの公式,
　　　(S)：シュテルマーの公式,　　(G)：ガウスの公式,
　　　(R)：ラマヌジャンの公式,　　(A)：AGM 公式,
　　　(C)：チュドゥノフスキーの公式,
　　　(B4)：ボルウェインの 4 次収束の公式,
　　　(T)：高野の公式,　　　　　　(BBP)：BBP 公式,

表 4-1　計算機以前の主な円周率計算

年代	人物	値	備考
3 世紀	アルキメデス	$\frac{223}{71}(=\mathbf{3.14}084) < \pi < \frac{22}{7}(=\mathbf{3.142857})$	(多角形)
2 世紀	プトレマイオス	$\frac{377}{120}(=\mathbf{3.14166}\cdots)$	
263 年	劉徽	$\mathbf{3.141}024 < \pi < \mathbf{3.142}704$ ($\pi \fallingdotseq 3.14159$)	(多角形)
5 世紀	祖沖之	$\mathbf{3.1415926} < \pi < \mathbf{3.1415927}$　$\frac{22}{7}$（約率），$\frac{355}{113}$（密率）	
500 年頃	アールヤバタ	$\pi \fallingdotseq \mathbf{3.1416}$　$\frac{3927}{1250}(=3.1416)$	
650 年頃	ブラフマーグプタ	$\sqrt{10} \fallingdotseq \mathbf{3.162277}$	
1424 年	アル・カーシー	16 桁	(多角形)
1579 年	ヴィエト	$\mathbf{3.1415926535} < \pi < \mathbf{3.1415926537}$	
1610 年	ヴァン・ケーレン	35 桁	(多角形)
1681 年	関孝和	16 桁	(増約術 = エイトケン加速)
1699 年	シャープ	72 桁	(H)
1706 年	マチン	100 桁	(M6)
1722 年	建部賢弘	42 桁	(『綴術算経』, リチャードソン加速も)
1872 年	W. シャンクス	707 桁	(正しいのは 527 桁 (*)) (M6)
1948 年	ファーガソン	808 桁	(M6) (卓上計算機)

(*注)　パリにおける万国博覧会 (1937) を記念して,「発見の館」と名付けられた科学博物館の「π の部屋」にシャンクスの計算した円周率 707 桁が飾られたが, 間違いが分かったために 1949 年に修正された. なおシャンクスの計算間違いは, マチンの公式 (M6) において $\frac{1}{145 \times 5^{145}}$ を忘れたためだったようだと, ファーガソンが推測している.

計算機以後

計算機が出来てからは，もっぱら計算機で円周率計算が行われている．機械の進歩は驚くほど急速である．そして今やパソコンで世界記録が作られる時代がやってきた．表 4-1 と同様に，年代，人名，計算された円周率の値の桁数，使われた計算機，計算公式，などを表にしてみる．計算公式では，主計算に使われたものと検証計算に使われたものを併記した．

表 4-2 計算機以後の主な円周率計算

年	人名	桁数	計算機	公式	
1949 年	ライトウィーズナーとノイマン	2037 桁	(ENIAC)	(M6)	(M6)
1961 年	レンチと D. シャンクス	10 万桁	(IBM 7090)	(S)	(G)
1973 年	ギユーとブーエ	100 万 1250 桁	(CDC 7600)	(M6)	
1985 年	ゴスパー	1752 万 6200 桁	(Symbolics 3670)	(R)	
1988 年	金田	2 億 0132 万 6551 桁	(HITAC S-820/80)	(A)	
1989 年 5 月	チュドゥノフスキー兄弟	4 億 8000 万桁	(Cray-2 & IBM3090/VF)	(C)	(C)
7 月	金田・田村	5 億 3687 万 898 桁	(HITAC S-820/80)	(A)	
8 月	チュドゥノフスキー兄弟	10 億 1119 万 6691 桁	(IBM3090)	(C)	(C)
11 月	金田・田村	10 億 7374 万 1799 桁	(HITAC S-820/80)	(A)	
1991 年	チュドゥノフスキー兄弟	22 億 6000 万桁	(自作パソコン)	(C)	(C)
1995 年	高橋・金田	64 億 4245 万桁	(日立 S-3800/480)	(B4)	(A)
1996 年	チュドゥノフスキー兄弟	80 億桁以上	(自作パソコン)	(C)	(C)
1997 年	高橋・金田	515 億 3960 万桁	(日立 SR2201)	(B4)	(A)
1999 年	高橋・金田	2061 億 5843 万桁	(日立 SR8000/MPP)	(A)	(B4)
2002 年	金田	1 兆 2411 億桁	(日立 SR8000/MPP)	(T)	(S)
2009 年	高橋	2 兆 5769 億 8037 万桁	(T2K 筑波システム)	(A)	(B4)
2009 年	ベラール	2 兆 6999 億 9999 万桁	(デスクトップ PC)	(C)	(BBP)
2010 年	近藤	5 兆桁	(自作パソコン)	(C)	
2011 年	近藤	10 兆桁	(自作パソコン)	(C)	

次ページに，円周率計算に関わった代表的な人たちの名前を改めてきちんと記録しておこう．

《計算機以前》
　　　アルキメデス（Archimedes；前 287?-212）
　　　プトレマイオス（Ptolemaeos；c.90-c.168）
　　　劉 徽（Liu Hui；c.220-c.280）
　　　祖 沖之（Zu Chongzhi；429-500）
　　　アールヤバタ（Aryabhata；476-550）
　　　ブラフマーグプタ（Brahmagupta；597-668）
　　　アル・カーシー（Jamshid al-Kashi；c.1380-1429）
　　　ヴィエト（François Viète；1540-1603）
　　　ヴァン・ケーレン（Ludolph van Ceulen；1540-1610）
　　　関 孝和（せき たかかず；1645 頃?-1708）
　　　シャープ（Abraham Sharp；1653-1742）
　　　マチン（John Machin；1680-1751）
　　　建部 賢弘（たけべ かたひろ；1664-1739）
　　　W. シャンクス（William Shanks；1812-1882）
　　　ファーガスン（D.F. Ferguson；1889-？）

《計算機以後》
　　　ライトウィーズナー（George Walter Reitwiesner；1918-1993）
　　　ノイマン（John von Neumann；1903-1957）
　　　レンチ（John Wrench；1911-2009）
　　　D. シャンクス（Daniel Shanks；1917-1996）
　　　ギユー（Jean Guilloud；1923-）
　　　ブーエ（Martine Bouyer；1948-）
　　　ゴスパー（William Gosper；1943-）
　　　チュドゥノフスキー兄弟（David & Gregory Chudnovsky；
　　　　　　　　　　　　　　　1947- & 1952-）
　　　金田康正（かなだ やすまさ；1949-）
　　　田村良明（たむら よしあき；？-）
　　　高橋大介（たかはし だいすけ；1974?-）
　　　ベラール（Fabrice Bellard；1972-）
　　　近藤茂（こんどう しげる；1955-）

§17 円周率の計算競争

　計算機が導入されて以降の計算桁数の伸びにはすさまじいものがある．横に年代，縦に桁数を取って，計算された桁数を簡単な表にしてみよう．桁数が対数目盛りになっているのを忘れるくらいである．特に最後の3件がパソコンというのも驚きだ．50年前の10万桁が今や10兆桁！　なんと1億倍である！

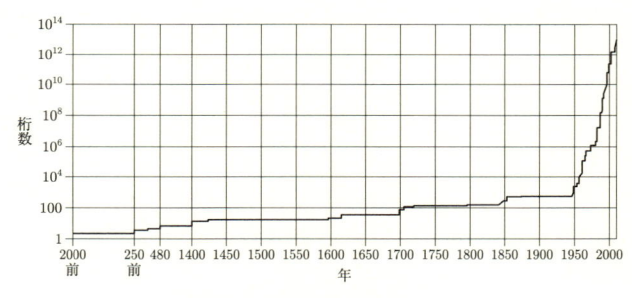

図 4-1　円周率計算桁数の伸び

コラム 13：ルドルフ・ヴァン・ケーレン

"アルキメデスの時代"の最後に花を添えたルドルフ・ヴァン・ケーレンを紹介しよう．"ケルンのルドルフ"という名前だが，実はヒルデスハイムに生まれ，オランダに移住して最後はライデン大学内に出来た技術学校の最初の数学教授になった．生涯をかけて円周率の計算をして，生前に著書『円について』(1596) で 20 桁を公表し，遺著『算術と幾何の基礎』(1615) では 33 桁，さらにその後教え子のスネルによって 35 桁が公表された．彼の偉業を称えてドイツを中心に円周率を「ルドルフ数」ともいう．彼の墓碑銘には簡潔な説明とともに小数点以下 35 桁が次のように刻まれている：

> ここにルドルフ・ヴァン・ケーレン氏埋葬される；ベルギー [現オランダ] の教授，この町のアテネ街で数学者，科学者として生きた；ヒルデスハイムで 1540 年 1 月 28 日に生まれ，1610 年 12 月 31 日に死んだ．生涯に亘って大変な労苦を重ね，円の周長の直径に対する比を次々に見出して非常に精密な値を発見した．その直径を 1 とすると，円の周長は次の比より大きい；
>
> $$\frac{314159265358979323846264338327950288}{100000000000000000000000000000000000}$$
>
> また次の比より小さい；
>
> $$\frac{314159265358979323846264338327950289}{100000000000000000000000000000000000}$$

この墓碑銘は 1800 年頃に失われたが，過去の記録を元に 2000 年 7 月 5 日に，元の聖ペテルス教会にレプリカが再建された．

彼の生涯をもう少し見ておこう．父ヨハンネスは裕福ではない商人だったので，ルドルフは大学には行けなかった．父の死後ケルンを含めて各地を旅行し，自分の兄弟を訪ねてアントワープに行って，そこで数学を学んだと主著『円について』の序文に記している．恐らくスペイン軍に占領された1576年に，多くの人たちと共にデルフトに逃がれた．デルフトでも数学を教え，やがて許可を得てフェンシングも教えるようになる．ギリシア語が読めない彼のために，市長がアルキメデスの円周率の本を翻訳してくれて，彼は円周率の計算にのめりこむことになる．1594年にライデンに移り，そこでも数学とフェンシングを教えた．翌年には，ローメンが提出した45次方程式の解をめぐってヴィエトと競い合った．1596年に『円について』を刊行し，この中で正 15×2^{31} 角形を用いて，アルキメデスの方法で π を正確に20桁まで計算した．1600年にライデン大学内に作られた技術学校の数学教授に就任し，終生その地位にあった．その後も円周率計算を続け，正 2^{62} 角形にまで到達して，正確に35桁まで計算したのだった．その33桁は家族が出版した遺著『算術と幾何の基礎』に公表され，全35桁は「屈折の法則」で有名な教え子のスネル（Willebrord Snell；1580-1626）が自著『円の計測者』(1621) で紹介した．スネルはルドルフの著書2冊をラテン語に翻訳している．

　1610年の12月31日に亡くなり，翌年1月2日に聖ペテルス教会に埋葬された．

図 4-2　再建されたルドルフ・ヴァン・ケーレンの墓碑銘（左）と著書『円について』の表紙（右）

――――（コラム 13　終）――――

コラム 14：金田康正さんの執念

　1980 年代から円周率計算の世界記録を何度も塗り替えてきた金田康正教授は，1949 年に兵庫で生まれた．父は祖父が経営する農機具製造販売会社の技術者で，工場で農機具をさわって遊ぶ少年だったという．1981 年に東京大学大型計算機センター（現 情報基盤センター）助教授として赴任した頃から円周率の計算を始める．その主な計算記録をざっと並べると，次のようになる：

　　　1981 年　　　　　　200 万桁
　　　1983 年　　　　　　1677 万桁
　　　1987 年　　　　1 億 3421 万桁
　　　1988 年　　　　2 億 132 万桁
　　　1989 年　　　10 億 7374 万桁
　　　1997 年　　　515 億 3960 万桁
　　　1999 年　　　2061 億 5843 万桁
　　　2002 年　1 兆 2411 億 7730 万桁

すごい執念である．円周率πという不思議な数に魅せられ，好奇心をそそられ，ロマンを感じ続けているのであろう．計算の世界記録を更新するたびに，「何故円周率を計算するのか？ それが何の役に立つのか？」と聞かれるので，そのときには「プログラムや機器の不具合を見つけ，コンピューターの信頼性や耐久性の向上に役立てること，より速く効率的な計算手法の開発に結びつくこと，技術者の養成にもつながること．」と建前論を述べるが，本音を言えば，「πを計算する一番大きな理由」は「好奇心」だと自著『πのはなし』（東京図書）で書く．人類史上初めて1兆桁を超えて円周率を計算した後，インタビューに，「1兆桁目が"2"と人類で最初に知るのは自分なんですよ」と答えているのが正直な気持ちなのだろう（「π 1兆2411億桁その先を見たい」，朝日新聞，2003年1月）．他人を納得させるために，それらしき理由を答えるものの，実のところはそんなのはどうでも良いのである．エヴェレストに登頂したヒラリー卿になぞらえて，自著で「そこにπがあるから計算する」と書いている．

金田康正教授

🌰 チュドゥノフスキー兄弟

　本文に書いた通り，日本の金田康正さんとの間で，円周率計算のデッドヒートを演じたチュドゥノフスキー兄弟も簡単に紹介しておこう．ウクライナ出身で，ウクライナ・アカデミーの研究所で博士号をとった．弟グレゴリーは 16 歳のときに，「不定方程式の有理整数解の存在を有限回で判定できるか」という，ヒルベルトの第 10 問題を解いたが，直前にマティヤセヴィッチがフィボナッチ数をうまく使って解いたので，脚光を浴びなかったのであった．グレゴリーは幼時から重症筋無力症のために，多くの時間をベッドの上で過ごして数学を研究している．その後兄弟はアメリカに亡命し，現在コロンビア大学に勤めている．特にグレゴリーは身体的なマイナスを抱えているものの，過去の偉人たちに匹敵するほどの天才的な数学者であるといわれている．

図 4-3　チュドゥノフスキー兄弟：左 兄デイヴィッド，右 弟 グレゴリー

────（コラム 14　終）────

コラム 15：近藤茂さんの快挙

2010 年 8 月 5 日，驚くべきニュースが飛び込んできた．日本人の技師が自作のパソコンで何と円周率を 5 兆桁も計算したというのだ！ 2009 年の暮れに，フランスのベラールがパソコンで円周率計算の世界記録更新をした時には驚いたが，その数ヵ月後の日本人の快挙である．

「3.141592… と続く円周率を，長野県飯田市の会社員近藤茂さん（54）らがパソコンで小数点以下 5 兆桁まで計算した．計算が正しければ，フランスのエンジニアが昨年末にパソコンで出した記録（約 2 兆 7 千億桁）を大幅に更新し，世界一になる．2 兆桁の壁を初めて破った筑波大の研究まではスーパー・コンピューターが主流だったが，長大な円周率計算もパソコンでできる時代になった．」（朝日新聞）

そしてその翌年，私たちは次の速報に再び驚かされた．

「**2011.10.16 長野男性，自作パソコンで円周率 10 兆桁達成**．長野県飯田市の会社員近藤茂さん（56）が 16 日，自宅のパソコンで円周率を小数点以下 10 兆桁まで計算し，昨年 8 月に自ら立てたギネス世界記録の同 5 兆桁を更新した．」（共同通信）

近藤さんは食品会社に勤めるエンジニアで，自作のパソコンによる 2 年続きの快挙である．大型計算のために特に記憶装置を強化し，5 兆桁のときは 22 テラバイト，今回は 48 テラバイトのハードディスク（HDD）を搭載した．

ベラールがパソコンで約 2 兆 7 千万桁を計算してスーパー・コンピューターの記録を破ったというニュースを見て，ベラールにコンタクトをとった．そしてアメリカの大学院生アレクサンダー・イーと連絡を取り合い，彼が作ったプログラムで計算を実行した．5 兆桁計算は 2010 年 5 月 4 日から 8 月 3 日まで，およそ 3 ヶ月か

けて達成した．ギネス記録はイーとの連名だという．10兆桁計算は2010年10月10日から2011年10月16日まで，約1年かけて達成した．途中で何度もハードディスクが故障し，その度にチェックポイントまで戻って計算をやり直したために予定を大幅に上回った．落雷で近所一帯が停電したときには，もうだめかと思ったが，何とか自家発電でしのいだという．

　長野高専時代にコンピューターによる円周率計算に興味を持ち，「未知の桁」に憧れてきた．「究極の自己満足」であると自認しながらも，「人のやっていないことに挑戦することに意義がある」として，少年時代の夢を追い続けているのである．かつての子供部屋にパソコンを持ち込み，24時間体制で計算を続けたが，パソコンの熱で部屋は40度にもなった．奥さんは「月3万円の電気代がつらかったが，洗濯物は早く乾いて助かった」とのこと．この奥さんがあってこそ，少年時代の夢を追い続けることが出来るのであろう．

　なお，10兆桁直前の100桁が公開されている．参考までにここに載せておこう．10兆桁目は5である．

9544408882 6291921295 9268257225 1615742394 7483010753
9804871001 5982157822 2070871138 6966940952 1989228675

5兆桁計算のギネス認定証を手にする近藤茂さん

イーさんとベラールさんについても簡単に紹介しておこう．

🌿 アレクサンダー・J・イー

アレクサンダー・J・イー（Alexander J. Yee，漢字名 余智恒）は中国系の二世で，カリフォルニアで生まれノースウェスタン大学を卒業して，イリノイ大学アーバナ・シャンペーン校（UIUC）の大学院に進んだ．10兆桁達成時には23歳だった．ボウリングとピアノと日本のアニメ（「戦場のヴァルキュリア」と「魔法少女まどか☆マギカ」）が好きな若者だ．現在はUIUCの大学院生で研究助手を務めている．

🌿 ファブリス・ベラール

ファブリス・ベラール（Fabrice Bellard；1972-）はグルノーブルに生まれ，エコール・ポリテクニークを卒業した．現在はテレコム・パリに勤める天才的なプログラマーである．1997年に円周率を計算するBBP公式の変形であるベラール公式を見つけた．2009年には自作パソコンで円周率を2兆7000億桁近くまで計算して，スーパー・コンピューターの世界記録を塗り替えて，世界中をあっと言わせたのだった．ベラールが見つけたBBPタイプの公式は次の通り．

$$\pi = \frac{1}{2^6} \sum_{n=0}^{\infty} \frac{(-1)^n}{2^{10n}} \left(-\frac{2^5}{4n+1} - \frac{1}{4n+3} + \frac{2^8}{10n+1} - \frac{2^6}{10n+2} - \frac{2^2}{10n+5} - \frac{2^2}{10n+7} + \frac{1}{10n+9} \right).$$

———（コラム15 終）———

§ 18　円周率の暗唱記録

円周率の魅力

　現在は小学校で「円周率は 3.14」と教わる．何だか不思議な値である．そして中学生か高校生になると，これは無理数であることを知らされる．したがって円周率の値をどこまで求めても，その先は全く分からないのである．神秘的な感じがぐっと増す瞬間だ．こうして何人かの人は「円周率 π」の魅力に取り付かれることになる．

　小学生のときに円周率を 50 桁覚えたという学生がいた．それを書いてもらったことがある．一瞬目をつぶってから，サラサラっと正しく書いてくれた．別の学生は，私が講義で AGM 公式の話をしたところ，次の週に「この公式は収束が速いですね」と言いながら円周率を 10 万桁計算してもってきてくれた．それぞれのやり方で円周率の魅力を感じたのである．

　歴史を振り返ってみれば，一生をかけて 35 桁を計算した人がいた．新しい効率的な公式を見つけて，あっという間に 100 桁を計算した人がいた．2 万本もの真空管が赤く輝いて 2000 桁を打ち出した時には，誰もが「時代が変わった」と実感した．私の学生時代に十万桁が計算されて，これはすごいことになったぞ，と思ったものだ．しかしそれはほんの入り口に過ぎなかった．数年にわたるライバルとの計算競争を経て，初めて一兆桁を超えたのが金田さんだ．私はここに，尋常ではない執念とロマンを感じる．そしてパソコンで 10 兆桁をたたき出した近藤さんもまたロマンを追い続けているのであろう．

　そんな中で，円周率暗唱という人間臭いやり方で円周率への愛を確かめる人たちもいる．その記録のいくつかを取り上げてみよう．ギネスブックは 1973 年の記録から始まる．

表 4-3 円周率の暗唱記録

年	氏名	桁数	備考	ギネス
1973 年	ピアスン（13 歳）	1210 桁	(Timothy Pearson, 英；1960-)	ギネス
1975 年	プルーフ（19 歳）	4096 桁	(Simon Plouffe, カナダ；1956-) (BBP 公式の P さん)	ギネス
1979 年	フィオーレ（18 歳）	10625 桁	(David Fiore, アメリカ；1961-)	ギネス
1979 年	友寄英哲（46 歳）	2 万桁	(ともより ひであき；1932-)	ギネス
1980 年	カーヴェロ（35 歳）	20,013 桁	(Carvello, Creighton, インド生まれのイギリス人；1944-2008)	
1981 年	マハデヴァン（23 歳）	31,811 桁	(Rajan Srinivasen Mahadevan, インド；1958-)	
1987 年	友寄英哲（54 歳）	4 万桁		ギネス
1995 年	後藤裕之（21 歳）	42,195 桁	(ごとう ひろゆき；1973-)	ギネス
2004 年	原口　證（58 歳）	54,000 桁	(はらぐち あきら；1945-)	
2005 年	呂　超（23 歳）	67,890 桁	(ルー チャオ, 中国；1982-)	ギネス
2006 年	チャハル（24 歳）	43,000 桁	(Chahal, Krishan, インド；)	
2006 年	原口　證（60 歳）	10 万桁		
2006 年	原口　證（64 歳）	101,031 桁	(iPad に打ち込む)	

　いずれ劣らぬ素晴らしい結果である．私には到底真似の出来ないこんなすごいことができる人たちを私は素直に尊敬する．この他にも，3 歳で円周率 31 桁を暗唱したグレースちゃん（Grace Hare, アメリカ；2003-）や，自伝『ぼくには数字が風景に見える』（講談社）で，数字の一つ一つに形や色，感触などを感じることを明らかにし，2004 年 3 月 14 日（π の日）に 22,514 桁を暗唱して（2,965 桁目が間違っていたので後に取り消されたが），ヨーロッパ記録とされたタメット君（Daniel Tammet, イギリス；1979-）などがいて，円周率暗唱の世界に彩りを添えてくれている．不思議なのは原口さんのぶっちぎりの世界記録がギネスに認定されていないことだ．ギネス社による円周率暗唱の公式ルールは，10 分を越える中断はダメ，言い直しは 3 回まで，となっている．原口さんはこれら 2 つのポイントはちゃんとクリアしているので，間違ったときに 3 人の判定員が鈴を鳴らして「ミス」を指摘するところが問題視されているのかも知れない．

コラム 16：原口證さん 10 万桁を暗唱

先ず原口さんのウェブサイトから経歴を引用する：

1945 年 11 月 27 日生.

宮城県立古川工業高校電気課卒業後，東北沖電気工業（株），日立製作所茂原工場にて 30 余年勤務．退職後，

2004 年　円周率暗記記録 54,000 桁達成（世界新記録）

2004 年　68,000 桁達成（世界新記録）

2005 年　83,431 桁達成（世界新記録）

2006 年　100,000 桁達成（世界新記録．ギネス社申請中）

自然食品会社経営，学習コンサルタント．執筆，全国で講演を行うなど多彩な活動をこなしている.

原口證さん

1994 年に円周率と出会い，1997 年には会社を退職して円周率の暗唱に没頭する．2002 年に世界記録挑戦を決意したという．2006 年 10 月 3-4 日の 10 万桁暗唱の様子は次のように報じられている.

3 日午前 9 時，千葉県立国際会議場「かずさアカデミアホール」（木更津市）で，円周率の暗唱を開始する．落ち着いた様

子で暗唱を続け，日付が変わって 4 日午前 1 時 28 分に 10 万桁暗唱に成功した．原口さんは満面の笑みで万歳をして喜び，拍手がわき起こった．奥さんから贈られた「π ＝ 円周率」「100000」と書かれたジョッキでビールを飲んで喜びをかみ締めた．

さらに 2010 年 6 月 15-16 日には，iPad に円周率を打ち込む形で再度円周率暗唱に挑み，記録を 10 万 1031 桁にまで伸ばした．これは自身のウェブサイトで次のように報告されている：

原口證，自己の持つ世界記録更新達成しました！

円周率暗唱記憶世界一の原口證が，2010 年 6 月 16 日に自己の持つ世界記録（100,000 ケタ）から，101,031 ケタに更新しました．64 歳にして iPad を利用しての挑戦，しかも丸一日かけての達成（101,031 ケタ）です．心身の限界への挑戦でした．これも応援していただいた方々のおかげです．ありがとうございました．

彼の暗唱法は語呂合わせによるもので，北海道松前藩の武士が全国を歩き，ついにはシルクロードにたどりつく物語になっているという．それは，「さあ安心得んと（3.1415）国元去った（926535）はかなきその身は（89793238）…」と始まるそうだ．彼にとって円周率暗唱はお経のようなもので，精神統一の手段として重要だと語る．それにしても 10 万桁は尋常ではない．奥さんによれば「毎晩ビールを飲んで，ほろ酔い状態で物語を作っている」そうだが，よほどの決意の下に日々の精進をしているのだろう．しかし本人は，「私は決して天才ではなく，普通のおじさんです」といつも謙虚である．

ここで原口さんに円周率暗唱の世界記録挑戦を決意させたかつての世界記録保持者友寄英哲さんと，その記録を破って10年近く暗唱の世界記録を保持していた後藤裕之さんについても簡単に紹介しておこう．

友寄英哲さん

まず経歴から．

　1932年生まれ．電気通信大学卒業後ソニーへ入社．
　1979年6月4日　　（46歳）　　15151桁
　1979年9月24日　（46歳）　　20000桁
　1987年3月9-10日（54歳）　　40000桁
　と三度ギネス記録を更新した．

70歳代での5万桁の暗誦に挑戦して毎日3～4時間の暗唱特訓を欠かさず，4万-5万桁は記憶したという．円周率は語呂合わせで物語を作って記憶し，忘れたら再び記憶を繰り返して30年になるという．特徴は番地をつけて10桁づつ覚えることで，最初の10桁は「00王 1415926535 都市の黒人婿 珊瑚」だそうだ．「脳は筋肉と同じで，使ってない部分から衰える．限界は皆さんが自分で作っている」と語る．「記憶のコツは丸暗記ではなく，連想を働かせること．むしろ年齢が上がった方がいい．」と，老いてますます意気軒昂である．

円周率暗唱の他に，趣味の囲碁やルービックキューブを楽しみ，友寄式記憶術についての講演など，幅広く活躍している．

🍂 **後藤裕之さん**

1973年生まれ，東京都出身．慶応大学在学中に円周率暗誦を志し，留年までして2年生のとき，1995年2月18日21歳で42,195桁を暗唱した．これが10年近くギネス認定の世界記録であった．この桁数はもちろんマラソンにちなんだものである．卒業後バンダイナムコゲームスでゲーム・クリエーターとして活躍した．現在面白法人カヤックに勤務．イントロクイズの達人．「ことばのパズル文字ぴったん」「冒険クイズキングダム」などのゲームプランナー．

後藤裕之さん

――――（コラム16　終）――――

第 4 章 円周率を計算する

問 4.1

(i) $(2+i)^2 \cdot (7-i)$ を計算せよ．

(ii) $(3+i)^2 \cdot (7+i)$ を計算せよ．

(iii) これが（M2）と（M3）の証明であることを確かめよ．

問 4.2

(i) $(5+i)^2$ と $(5+i)^4$ を展開せよ．

(ii) $(5+i)^4 \cdot (239-i)$ を計算せよ．

(iii) これが（M6）の証明であることを確かめよ．

問 4.3

$\pi = \dfrac{22}{7} - \displaystyle\int_0^1 \dfrac{x^4(1-x)^4}{1+x^2} dx$ を示せ．

問 4.4

$\pi = \displaystyle\int_0^1 \dfrac{16x-16}{x^4-2x^3+4x-4} dx$ を示せ．

第Ⅲ部
円周率を究める
発展編

1873年に，「指数関数について」と題されたエルミートのエポック・メーキングな論文が現れ，その中で彼は自然対数の底 e の超越性を確立した．e の無理性は，前述の通り，オイラーによって1744年に証明されていて，1840年にリウヴィユは，定義する級数から直接，e も e^2 も有理数になれないこと，すなわち2次の無理性を示した．しかしエルミートの仕事は新しい時代を開いたのである．特に，10年もしないうちに，リンデマンはエルミートの方法を一般化することに成功して，古典的な論文によって，π が超越数であること証明し，それによって円の正方形化についての古代ギリシアの問題を解決したのである．（ベイカー，"Transcendental Number Theory"; Cambridge UP）

エルミート

第5章

円周率の本質

　円の直径がその周長と，整数と整数との比にならないことを証明する，この事実には幾何学者たちは余り驚かないであろう．（ランベルト：1761年論文の冒頭）

フリーメーソンのシンボル
（直角定規とコンパス）

旧東ドイツの切手，青年ガウスと
円に内接する正十七角形

§19 円周率の理論的な発展の跡をたどる

🌿 古代ギリシア

　円周率の理論的な発展は，やはり古代ギリシアに始まる．今からおよそ2300年前のエウクレイデスの『原論』には，「円は互いに直径上の正方形に比例する」(XII, 2) とあって，円の面積がその直径の2乗に比例することを証明している．面積が直径の2乗に比例しないと仮定すると，直径の2乗に比例する部分より大きいとしても，小さいとしても矛盾することを示す，厳密な古代ギリシア数学のいつものやり方である．これをアルキメデスの命題，「円の面積は円周を底辺とし半径を高さとする三角形に等しい」(『円の計測』命題1) と比べると，この比例定数は円周と直径の比 "円周率 π" の4分の1，すなわち円の面積と外接正方形の面積の比である "円積率" に一致することが分かる．

　エウクレイデスの『原論』においては，このような理論的に重要な問題が扱われているのに対して，円周率の具体的な値や近似値については一切言及されていない．『原論』を読む限り，「円の面積が直径上の正方形に比例する」ことに興味が集中していて，その具体的な比例定数の値には興味がないように見える．これは古代ギリシアにおける一般的な傾向である．計算術を "ロギスティケー" と呼んで，数論よりも一段低く見ていたことにも関係しているのであろう．それより1500年も前に，円周率の近似値 $\pi \fallingdotseq \dfrac{256}{81}$ を知っていた古代エジプト文明，また同じ頃に $\pi \fallingdotseq 3.125$ を知り，さらに $\pi \fallingdotseq 3.15$ を知っていたかもしれない古代バビロニア数学の事実と比べると，古代ギリシアにおけるこの無関心さはさらに際立つ．同じ頃の古代バビロニアにおいて，$\sqrt{2}$ の値について10進法

に直して小数5桁まで正しい近似値が知られていた（YBC7289；イェール大学所蔵）のに対し，古代ギリシアにおいては，そのような正確な近似値には興味がなく，$\sqrt{2}$ が整数の比では書き表せないこと，言い換えれば $\sqrt{2}$ が無理数であることの証明に，すなわち，「数 $\sqrt{2}$ の本質を明らかにすること」に全精力が注がれていたのだった．

円周率は無理数である

π が無理数であることは，早くも前4世紀のアリストテレスが円周と直径は「非共測（または "通約不能"）」（incommensurable）であろうと述べ，その後も何人かがそう書いていた．しかしそれが証明されるのは，ようやく18世紀の後半になってからである．1761年にランベルト（Johann Heirich Lambert；1728-77）が「円周率 π は無理数である」ことを証明することに成功した（"Mémoire sur quelques propriétés remarquables des quantités transcendetes circulaires et logarithmiques", *Histoire de l'Academie*, Berlin, pp. 265-322 (1761).）（雑誌の表紙には "1761" とあるが，実際の出版は1768）．彼の証明は連分数を使って「$r \neq 0$ が有理数ならば，$\tan r$ は無理数である」ことを示すことによって得られた．また，18世紀終わりにはルジャンドル（Adrian-Marie Legendre；1752-1833）がランベルトの証明を厳密にすると共に，「π^2 は無理数である」ことを証明した（1794）．その後改良が重ねられて，エルミート（Charles Hermite；1822-1901）による証明（1873），ニヴェン（Ivan Niven；1928-99）による簡単な証明（1947）などが得られている．

§20 円周率はどんな数か？

🌿 円周率が無理数であることの証明

前節で述べた通り，円周率は無理数になる．この節ではそれを証明し，さらに先に進もう．

定理 16

円周率 π は無理数である．

定理 17

π^2 は無理数である．

一般に，「r が有理数 $\Rightarrow r^2$ も有理数」なので，対偶をとって「r^2 が無理数 $\Rightarrow r$ も無理数」となり，定理17は定理16より少し強い定理である．ランベルトの証明の基礎になった次の定理に，最近になって簡単できれいな証明が見つかった（Li Zhou & Lubomir Markov, 2010）．いくつかの補題を重ねてこの定理を証明しよう．

ランベルトの定理

$r \neq 0$ が有理数ならば，$\tan r$ は無理数である．

整数 $n \geq 0$ に対して，$f_n(x) = \dfrac{x^n(2r-x)^n}{n!}$ とおく．

§20 円周率はどんな数か？

補題 1

$$f_n''(x) = 4r^2 f_{n-2}(x) - (4n-2)f_{n-1}(x)$$

[証明]
$$f_n'(x) = \frac{n(2rx - x^2)^{n-1}}{n!} \times (2r - 2x)$$
$$= (2r - 2x)f_{n-1}(x)$$

$$\therefore \quad f_{n-1}'(x) = (2r - 2x)f_{n-2}(x)$$

よって $f_n''(x) = -2f_{n-1}(x) + (2r - 2x)f_{n-1}'(x)$
$$= -2f_{n-1}(x) + (2r - 2x)^2 f_{n-2}(x)$$
$$= -2f_{n-1}(x) + 4r^2 f_{n-2}(x) - 4(2rx - x^2)f_{n-2}(x)$$
$$= -2f_{n-1}(x) + 4r^2 f_{n-2}(x) - 4(n-1)f_{n-1}(x)$$
$$= 4r^2 f_{n-2}(x) - (4n-2)f_{n-1}(x)$$
□

次に，$I_n = \int_0^{2r} f_n(x) \sin x \, dx$ とおく．

補題 2

$$I_n = (4n-2)I_{n-1} - 4r^2 I_{n-2};$$
$$I_0 = 1 - \cos 2r, \quad I_1 = -2r\sin 2r + 2(1 - \cos 2r)$$

[証明]
$$I_0 = \int_0^{2r} \sin x \, dx = [-\cos x]_0^{2r} = 1 - \cos 2r,$$

$$I_1 = \int_0^{2r} (2rx - x^2) \sin x \, dx$$
$$= \left[-(2rx - x^2) \cos x \right]_0^{2r} + \int_0^{2r} (2r - 2x) \cos x \, dx$$
$$= \left[(2r - 2x) \sin x \right]_0^{2r} - \int_0^{2r} (-2) \sin x \, dx$$
$$= -2r \sin 2r - \left[2 \cos x \right]_0^{2r}$$
$$= -2r \sin 2r + 2(1 - \cos 2r)$$

$n > 1$ のとき,$f_n(x)$ と $f_n'(x)$ は $x = 0$ と $x = 2r$ で 0 になるから,部分積分を繰返して,

$$I_n = \int_0^{2r} f_n(x) \sin x \, dx$$
$$= \left[-f_n(x) \cos x \right]_0^{2r} + \int_0^{2r} f_n'(x) \cos x \, dx$$
$$= \left[f_n'(x) \sin x \right]_0^{2r} - \int_0^{2r} f_n''(x) \sin x \, dx$$
$$= -\int_0^{2r} \{4r^2 f_{n-2}(x) - (4n - 2) f_{n-1}(x)\} \sin x \, dx.$$
$$= (4n - 2) I_{n-1} - 4r^2 I_{n-2}$$

□

この漸化式を用いて,数学的帰納法により次の補題が証明される.

補題 3

$$I_n = u_n(r)(1 - \cos 2r) + v_n(r) \sin 2r$$

(ただし,$u_n(r)$ と $v_n(r)$ は整数係数の r の多項式で,次数は高々 n)

§ 20 円周率はどんな数か？ 151

[ランベルトの定理の証明]　r が有理数で，π の整数倍ではないと仮定し，整数 a, b によって $r = \dfrac{a}{b}$ と書く．背理法による証明で，$\tan r$ が有理数だと仮定し，$\tan r = \dfrac{p}{q}$ とする．補題 2 から，連続する 2 つの I_n が共に 0 になれば，すべての $I_n = 0$ になる．r は π の整数倍ではないと仮定しているので，これは起こりえない．したがって，無数の $I_n \neq 0$ である．ところで，

$$\frac{I_n}{\sin 2r} = u_n(r)\frac{1 - \cos 2r}{\sin 2r} + v_n(r)$$
$$= u_n(r)\frac{2\sin^2 r}{2\sin r \cos r} + v_n(r)$$
$$= u_n(r)\tan r + v_n(r)$$

なので，$\dfrac{qb^n I_n}{\sin 2r} = qb^n u_n(r)\tan r + qb^n v_n(r)$ は整数になる．ところが，

$$\left|\frac{qb^n I_n}{\sin 2r}\right| = \left|\frac{qb^n \int_0^{2r} f_n(x)\sin x\, dx}{\sin 2r}\right|$$

$$\leqq \left|\frac{qb^n |2r| \cdot |f_n(x)| \cdot |\sin x|}{\sin 2r}\right|$$

$$\leqq \left|\frac{2qr}{\sin 2r} \cdot \frac{b^n |2rx - x^2|^n}{n!}\right|$$

であり，一般に定数 k に対して $\dfrac{k^n}{n!} \to 0\,(n \to \infty)$ である．

したがって十分大きな n に対して，$\left|\dfrac{qb^n I_n}{\sin 2r}\right| < 1$．

∴ 十分大きな n に対して $I_n = 0$ となるが，これは矛盾である．□

[定理 16 の証明]　$r = \dfrac{\pi}{4} \neq 0$ に対して，$\tan r = 1$ は有理数なので，$r = \dfrac{\pi}{4}$ は無理数である．□

これと同じ線に沿って，定理 17 の証明に進む．基本になるのは次の定理である．

ニヴェン-インケリの定理

$r^2 \neq 0$ が有理数ならば，$\cos r$ は無理数である．

[証明] 整数 $n \geqq 0$ に対して，$g_n(x) = \dfrac{(r^2 x^2 - x^4)^n}{n!}$ とし，

$$I_n = \int_0^r g_n(x) \sin(r-x) dx,$$

$$J_n = \int_0^r x g_n(x) \cos(r-x) dx,$$

$$K_n = \int_0^r x^2 g_n(x) \sin(r-x) dx,$$

$$L_n = \int_0^r x^3 g_n(x) \cos(r-x) dx,$$

とおく．$n = 0$ のときの簡単な積分を実行すると，

$$I_0 = J_0 = 1 - \cos r, \quad K_0 = r^2 - 2 + 2\cos r, \quad L_0 = 3K_0,$$

となる．各積分を一回ずつ部分積分することにより，$n > 0$ に対して次の漸化式を得る（計算省略）．

$$I_n = 4L_{n-1} - 2r^2 J_{n-1},$$

$$J_n = (4n+1)I_n - 2r^2 K_{n-1},$$

$$K_n = -(4n+2)J_n + 2r^2 L_{n-1},$$

$$L_n = (4n+3)K_n + 2nr^2 I_n - 2r^4 K_{n-1},$$

これらより I_n, J_n, K_n, L_n はすべて $u_n(R) + v_n(R) \cos r$ の形になる．ただし，$u_n(R)$ と $v_n(R)$ は整数係数の $R = r^2$ の多項式で，次数は高々 $2n+1$ である．先ほどよりも複雑であるが，$I_m = J_m = K_m = L_m = 0$ だとすると，$I_0 = J_0 = K_0 = L_0 = 0$ であ

ることが示される．ところが，$2I_0 + K_0 = r^2 \neq 0$ なので矛盾である．したがって，I_n, J_n, K_n, L_n のうちの少なくとも一つは，無限に多くのノンゼロの項を持つ．それを M_n とする．

さて，$R = r^2 = \dfrac{a}{b} \neq 0$ が有理数で，$\cos r = \dfrac{p}{q}$ も有理数だとする．すると，$qb^{2n+1}M_n$ は整数で，$n \to \infty$ のとき限りなく小さくなる．したがって十分大きな n に対して，$qb^{2n+1}M_n = 0$, $\therefore M_n = 0$ となる．これは矛盾である．よって背理法によって，定理が証明された． □

[定理17の証明] $r = \pi \neq 0$ に対して，$\cos r = -1$ は有理数なので，$r^2 = \pi^2$ は無理数である． □

この証明は，ランベルトの精神からそう離れておらず，1873年のエルミートのアイディアにも近い．漸化式に持ち込んで分かりやすく整理したものである．

円周率 π は超越数

エルミートはこの年，ネイピア数（自然対数の底）e が「超越数」であることの証明に初めて成功したのだった．ここで言う「超越数（transcendental number）」とは，何次だろうと整数係数多項式の根にはなり得ない数，すなわち，あらゆる「代数的関係」から超越している数のことである．何らかの整数係数代数方程式の根になる数を「代数的数」と呼ぶ．1次の代数方程式，すなわち，$px - q = 0$ の根が「有理数」であるから，当然

★「超越数」は「無理数」である．

$\sqrt{2}$ のように，「無理数」であるが「超越数」ではない数も多い．虚数単位 i も，$x^2 + 1 = 0$ という2次方程式の根なので「代数的数」である．18世紀にオイラーが，「ネイピア数 e は無理数である」ことを

証明したが，それをさらに進めて e が「超越数」であることを証明したのがエルミートであった．その記念すべき 1873 年に，彼に素晴らしいアイディアが浮かんで，円周率 π が無理数であることの新しい証明に成功したのである（Hermite, "Sur quelques approximations algebriques", *J. de Crelle*, **76**, pp. 342-344（1873））．

次のコラム 19 で紹介するニヴェンの証明も，エルミートの証明の延長線上にあり，少し違う整理の仕方をしたものである．円周率 π が「超越数」であることは，1882 年になって，ドイツのリンデマン（Ferdinand von Lindemann；1852-1939）によって証明された．("Über die Zahl π", *Mathematische Annalen*, **20**, pp. 213-225,（1882））．この証明も今ではかなり簡易化されて，イギリスの数学者ベイカー（Alan Baker；1939-）の名著 "Transcendental Number Theory" では，次の 2 つの定理の証明がわずか 2 ページちょっとにまとめられている．

定理 18
ネイピア数 e は超越数である．

定理 19
円周率 π は超越数である．

この 2 つの定理の証明はコラム 18 で紹介する．リンデマンはもう少し一般的な定理を証明した．

リンデマンの定理
互いに異なる代数的数 α_1, α_2, $\cdots$, α_k と，0 でない代数的数 β_1, β_2, $\cdots$, β_k に対し，$\beta_1 e^{\alpha_1} + \beta_2 e^{\alpha_2} + \cdots + \beta_k e^{\alpha_k} \neq 0$

§20 円周率はどんな数か？　155

　若き日のリンデマンがオーベルヴォルファッハ（Oberwolfach）近くの丘を散歩しているときに突然インスピレーションが湧き，円周率 π の超越性は「e の超越性」の定理に帰着させることで証明できることに気づいたのであった．すなわち，$e^{\pi i} = -1$ であることから，もしも円周率 π が代数的数であるとすると，πi も代数的数になり，$e^{\pi i} = -1$ という有理数にはなり得ないことに気付いたのである．彼はあわてて自室に戻り，すぐに論文を書いたという．

　これによって，古代ギリシアの三大作図問題の一つ「円の正方形化」問題は否定的に解決されたのである．すなわち，定規とコンパスでは不可能なことが証明されたのである．なお，残り2つ，「立方体倍積問題」と「角の3等分問題」も1837年のワンツェル

Ueber die Zahl π.[*]

Von

F. Lindemann in Freiburg i. Br.

　　Bei der Vergeblichkeit der so ausserordentlich zahlreichen Versuche[**], die Quadratur des Kreises mit Cirkel und Lineal auszuführen, hält man allgemein die Lösung der bezeichneten Aufgabe für unmöglich; es fehlte aber bisher ein Beweis dieser Unmöglichkeit; nur die Irrationalität von π und von π^2 ist festgestellt. Jede mit Cirkel und Lineal ausführbare Construction lässt sich mittelst algebraischer Einkleidung zurückführen auf die Lösung von linearen und quadratischen Gleichungen, also auch auf die Lösung einer Reihe von quadratischen Gleichungen, deren erste rationale Zahlen zu Coefficienten hat, während die Coefficienten jeder folgenden nur solche irrationale Zahlen enthalten, die durch Auflösung der vorhergehenden Gleichungen eingeführt sind. Die Schlussgleichung wird also durch wiederholtes Quadriren übergeführt werden können in eine Gleichung geraden Grades, deren Coefficienten rationale Zahlen sind. Man wird sonach die Unmöglichkeit der Quadratur des Kreises darthun, wenn man nachweist, dass *die Zahl π überhaupt nicht Wurzel einer algebraischen Gleichung irgend welchen Grades mit rationalen Coefficienten sein kann*. Den dafür nöthigen Beweis zu erbringen, ist im Folgenden versucht worden.

　　Die wesentliche Grundlage der Untersuchung bilden die Relationen zwischen gewissen bestimmten Integralen, welche Herr Hermite angewandt hat[***]), um den transcendenten Charakter der Zahl e festzustellen. In § 1 sind deshalb die betreffenden Formeln zusammengestellt; § 2 und § 3 geben die Anwendung dieser Formeln zum Beweise des erwähnten Satzes; § 4 enthält weitere Verallgemeinerungen.

―――――

　　[*] Vergl. eine Mittheilung des Hrn. Weierstrass an die Berliner Akademie, vom 22. Juni 1882.
　　[**] Man sehe die Artikel *Cyclometrie, Quadratur* und *Rectification* in Klügel's mathematischen Wörterbuche.
　　[***] Sur la fonction exponentielle, Paris 1874 (auch Comptes rendus, t. LXXVII, 1873).

15*

図 5-1　リンデマンの証明，最初のページ

(Pierre Wantzel；1814-1848) の論文で不可能なことが証明された．これら2つは3次方程式に帰着させることで解決したのである．こうして2000年来の数学の超難問である三大作図問題は，すべて19世紀に不可能なことが証明されて完全解決となった．

コラム 17：リンデマン

　リンデマン（Ferdinand von Lindemann）は1852年4月12日にハノーファーで生まれた．同名の父（Ferdinand Lindemann）はギムナジウムの語学教師，母は古典語で名高いギムナジウム学頭の娘であった．2年後に父は兄弟がやっているシュヴェーリンのガス工場の管理人に任命されて，家族はメクレンブルグに引っ越した．地元の学校に入るが，教育に不満を感じた父は自分で息子に幅広い教養教育を授けた．彼が言語学だけでなく，数学や科学の重要性も教えたことや，最初の小遣いで買った『宇宙』という本，そしてギムナジウムの最終学年に熱心な数学の先生に出会ったことなどから，1870年にゲッティンゲン大学で天文学と数学を学ぶことにした．ちょうど普仏戦争が始まったが，フェルディナンドはあまり健康でなかったために徴兵されずにすんだ．ゲッティンゲン大学では，最初の年にウェーバー（Wilhelm Weber；1804-1891）の物理学のほか，解析学や代数解析，化学などを学んだ．次の年にガウスの最初の伝記を書いたザルトリウス（Wolfgang Sartorius von Waltershausen；1809-1876）の鉱物学もとったが，天文学は退屈な講義だけだったのでキャンセルした．そして数学教授**クレプシュ**（Rudolph Clebsch；1833-1872）と運命的に出会い，彼から幾何学を学んだ．しかし1872年11月に彼が突然亡くなり，フェルディナンドが丁寧にとっていた講義ノートは，講義の続きを担当した教授の役に立ち，さらにクレプシュの講義録出版にも使われた．フェ

ルディナンドが若い講師クライン（Felix Klein；1849-1925）の非ユークリッド幾何に関する新しい論文について話をしたのをたまたまクライン自身が聞き，彼は即座に自分のところで博士論文を書くように勧めた．若いクラインがエルランゲン大学，ミュンヘン工科大学，と移動するのにあわせて，フェルディナンドも付いて行き，クレプシュの講義録出版を手伝った．その後イギリスとフランスの大学を訪ね，パリでは特にエルミートと親しくなった．エルミートがちょうど「ネイピア数 e は超越数である」という論文を書いた頃であった．ドイツに戻って，就職活動を始め，1877年にフライブルク大学に就職し，その後1883年にケーニヒスベルク大学，93年にミュンヘン大学で教授を務めた．30年後に引退して名誉教授になり，1939年に亡くなった．60人以上の博士論文を指導したが，なかでもケーニヒスベルク大学でのヒルベルト（David Hilbert；1862-1943）が有名である．

　フライブルク大学に勤め始めた頃，上司のトマエ教授（Johannes Thomae；1840-1921）はその前任者デュ・ボア・レーモン（Paul du Bois-Reymond；1839-1889）が訪れる度に，フェルディナンド

図 5-2　リンデマン

をシュヴァルツヴァルトの森の散策に誘った．最初の散策の折には，フェルディナンドは燕尾服にシルクハットといういでたちで，ラフな格好の2人の教授について森や谷を歩いたという．あるとき，πの超越性が話題に上った．二人の教授はフェルディナンドに「連分数の方法で挑戦してみてはどうか？」と提案したが，彼はそのやり方に乗り気ではなかった．1876-7年の冬学期に，彼はパリでエルミートとネイピア数eの超越性について話をしていて，エルミート流のやり方が正しい方法だと思っていたのである．しかしその先どう進めたものか，思いつかなかったのだった．2年後にトマエ教授が遠くイエーナ大学に移って，フェルディナンドが教授になったが，彼はよく一人でシュヴァルツヴァルトの森を散策するのだった．1882年4月12日，彼の30歳の誕生日にもこの森を散策していた．数週間前にエルミートの5次方程式の解法についての論文を読み返しているときに，たまたまエルミートが自分の一番大事な成果だとしていた「eの超越性」についての論文が目に留まり，丁寧に読み直したところだった．森を抜けてロレットヒルの丘に出たとき，この青年に突然アイディアが浮かんだ：「$e^{\pi i} = -1$ だ!!」

彼は急いで家に帰り，「数 π について」という論文を書き上げたのだった．遅くなって食堂に行ったとき，彼の様子はいつもと余程違って見えたようで，彼の友人の一人に「まるで円の正方形化問題を解いたみたいだ」と言われたという．こうして「π の超越性」が証明され，2000 年来の超難問のひとつ「円の正方形化問題」が完全解決したのだった．

彼の偉業を記念して，フライブルク大学にリンデマンの胸像が飾られたが，それは今オーベルヴォルファッハ数学研究所で見ることができる．

———（コラム 17　終）———

コラム 18：e と π が超越数であることの証明

参考までに，e と π が超越数であることの証明を紹介しよう．これは理系の大学初年級の微分積分学の知識で理解できるはずである．ワイエルシュトラースやヒルベルトたちが簡単化した証明をさらに改良したベイカーによる証明である．

定理 18

ネイピア数 e は超越数である．

[証明] m 次の多項式 $f(x)$ に対して，

(1) $F(t) = \displaystyle\int_0^t f(x) e^{t-x} dx$

とおく．部分積分によって次のように書ける：

$$F(t) = \left[-f(x)e^{t-x}\right]_0^t + \int_0^t f'(x)e^{t-x}dx$$
$$= f(0)e^t - f(t) + \int_0^t f'(x)e^{t-x}dx.$$

右辺の積分は $F(t)$ の $f(x)$ が $f'(x)$ に変わっただけなので，部分積分を繰り返し，$n > m \Rightarrow f^{(n)}(x) = 0$ であることを使うと，

(2) $F(t) = \{f(0)e^t - f(t)\} + \{f'(0)e^t - f'(t)\} + \cdots$
$$= e^t\{f(0) + f'(0) + \cdots + f^{(m)}(0)\}$$
$$- \{f(t) + f'(t) + \cdots + f^{(m)}(t)\}$$

となる．ここで多項式 $f(x)$ の係数をその絶対値で置き換えた多項式を $\Phi(x)$ と書くと，

(3) $|F(t)| \leqq \int_0^t |f(x)e^{t-x}|dx \leqq |t| \cdot \Phi(|t|) \cdot e^{|t|}$

である．

さて，e が代数的数だと仮定すると，整数 q_j と $N > 0$ に対して

(4) $q_0 + q_1 e + q_2 e^2 + \cdots + q_N e^N = 0$
$$(q_0 \neq 0, q_N \neq 0)$$

なる関係式が存在する．ここで充分大きな素数 p（後で決める）をとり，

$$f(x) = x^{p-1}(x-1)^p(x-2)^p \cdots (x-N)^p$$

とおく．次数は $m = p(N+1) - 1$ である．$f(x)$ を微分すると，

(ⅰ) $0 < k \leqq N$ のとき，$f^{(j)}(k) = 0 \, (j < p)$,

(ⅱ) $k = 0$ のときは，$j < p - 1$ ならば，$f^{(j)}(0) = 0$,
$\qquad j = p - 1$ ならば，$f^{(p-1)}(0) = (p-1)!(-1)^{pN}(N!)^p$,

(ⅲ) $j \geqq p$ のとき，$f^{(j)}(k)$ は $p!$ の倍数 $(0 \leqq k \leqq N)$,

となるので，$f^{(p-1)}(0)$ 以外はすべて $p!$ で割り切れる．
ここで，
$$J = q_0 F(0) + q_1 F(1) + q_2 F(2) + \cdots + q_N F(N)$$
とおいて J を評価する．(ⅱ)，(ⅲ) より，
$$J = -\sum_{j=0}^{m}\sum_{k=0}^{N} q_k f^{(j)}(k)$$
の各項は $(p-1)!$ で割り切れ，$q_0 f^{(p-1)}(0)$ 以外はすべて $p!$ の倍数である．したがって，もしも，$p > N$ かつ $p > |q_0|$ ならば，$q_0 f^{(p-1)}(0) = q_0 (p-1)!(-1)^{pN}(N!)^p$ は $p!$ では割り切れず，J は $p!$ では割り切れない．特に $J \neq 0$ である．その上に，J は $(p-1)!$ では割り切れるから，$|J| \geqq (p-1)!$（☆）である．

一方，$f(x) = x^{p-1}(x-1)^p (x-2)^p \cdots (x-N)^p$ の係数をその絶対値で置き換えた多項式 $\Phi(x)$ は，
$$\Phi(x) = x^{p-1}(x+1)^p (x+2)^p \cdots (x+N)^p$$
と書けるから，$\Phi(k) \leqq (2N)^m$ $(0 \leqq k \leqq N)$ が成り立つ．
$$\therefore |J| \leqq |q_0 F(0)| + |q_1 F(1)| + |q_2 F(2)| + \cdots + |q_N F(N)|$$
$$\leqq |q_1|e(2N)^m + |q_2|2e^2(2N)^m + \cdots + |q_N|Ne^N(2N)^m$$

よって充分に大きな正の定数 C をとれば，$|J| \leqq C^p$（☆☆）となる．大きな p に対しては，$(p-1)! > C^p$ だから，（☆）と（☆☆）は両立しない．この矛盾は e が代数的数だと仮定したことから生じたものである．したがって背理法によって，定理は証明された． □

対称式について

円周率 π が超越数であることを証明する前に対称式についてまとめておく. n 変数 $x_1, x_2, x_3, \cdots, x_n$ の整数係数多項式 $P(x_1, x_2, x_3, \cdots, x_n)$ が**整数係数対称式**であるとは,変数 $x_1, x_2, x_3, \cdots, x_n$ のいかなる並べ替えによっても不変なことである. 例えば, 2 変数のときには

$$s_1 = x_1 + x_2,$$
$$s_2 = x_1 x_2,$$

は整数係数対称式である. この形の対称式を (2 変数の)「**基本対称式**」という. これらは実はおなじみの式である. 2 次方程式 $Q(x) = q_0 x^2 + q_1 x + q_2 = 0 \, (q_0 \neq 0)$ の 2 つの根を x_1, x_2 とすると, $Q(x) = q_0(x-x_1)(x-x_2) = q_0 x^2 - q_0(x_1+x_2)x + q_0 x_1 x_2$ となるから, 係数を比較して $-q_0(x_1+x_2) = q_1$, $q_0 x_1 x_2 = q_2$ となる. $\therefore x_1 + x_2 = -\dfrac{q_1}{q_0}$, $x_1 x_2 = \dfrac{q_2}{q_0}$ が成り立つ. これはいわゆる「根と係数の関係」にほかならない.

一般に n 変数のときにも, 次の補題が成り立つ (証明省略):

補題 4

任意の整数係数対称式は, 基本対称式の整数係数多項式である.

例えば, 対称式 $f = x_1^2 + x_2^2$ は, $f = s_1^2 - 2s_2$ と書け, $g = x_1^3 + x_2^3$ だったら, $g = s_1^3 - 3s_1 s_2$ と書ける. また, 3 変数のときには, $s_1 = x_1 + x_2 + x_3$, $s_2 = x_1 x_2 + x_1 x_3 + x_2 x_3$, $s_3 = x_1 x_2 x_3$, は整数係数対称式で, これらを (3 変数の) **基本対称式**という. このときにも, 対称式 $f = x_1^2 + x_2^2 + x_3^2 = s_1^2 - 2s_2$ と書

け，$g = x_1^3 + x_2^3 + x_3^3 = s_1^3 - 3s_1s_2 + 3s_3$ となる．一般に n 変数 $x_1, x_2, x_3, \cdots, x_n$ の時には，整数係数対称式

$$s_1 = x_1 + x_2 + x_3 + \cdots + x_n,$$

$$s_2 = \sum_{j<k} x_j x_k,$$

($x_1, x_2, x_3, \cdots, x_n$ から異なる2つをとった積の総和)

$$s_3 = \sum_{j<k<m} x_j x_k x_m,$$

($x_1, x_2, x_3, \cdots, x_n$ から異なる3つをとった積の総和)

......

$$s_n = x_1 x_2 x_3 \cdots x_n,$$

を n 変数 $x_1, x_2, x_3, \cdots, x_n$ の**基本対称式**という．

n 次方程式 $P(x) = p_0 x^n + p_1 x^{n-1} + p_2 x^{n-2} + \cdots + p_n = 0$ ($p_0 \neq 0$) のすべての根を $x_1, x_2, x_3, \cdots, x_n$ とするとき，

$$P(x) = p_0 (x - x_1)(x - x_2)(x - x_3) \cdots (x - x_n)$$

と書けるので，係数を比較して，

$$s_1 = -\frac{p_1}{p_0}, s_2 = \frac{p_2}{p_0}, s_3 = -\frac{p_3}{p_0}, \cdots, s_n = (-1)^n \frac{p_n}{p_0},$$

となる．これを n 次方程式 $P(x) = p_0 x^n + p_1 x^{n-1} + p_2 x^{n-2} + \cdots + p_n = 0$ ($p_0 \neq 0$) の根と係数の関係という．特に $p_0 s_k$ ($1 \leq k \leq n$) は整数になるから，基本対称式 s_k たちの整数係数 s 次式に p_0^s を掛けた式は整数になる．

🌳 代数的整数

これから先，複素数の範囲でも整数を考える．そこで，これまで

単に「整数」と呼んできた実数の整数を「有理整数」と呼ぶことにする．ガウスが考えた「ガウス整数」は§21で扱う．ここでは先ず「代数的整数」を定義しよう．

$p_0 = 1$ とし，各係数 p_k は有理整数とする．そのとき，

$$P(x) = x^n + p_1 x^{n-1} + p_2 x^{n-2} + \cdots + p_n = 0$$

を満たす複素数 $x = \alpha$ を**代数的整数**（**algebraic integer**）という．$n = 1$ のときには単なる有理整数である．有理整数係数の多項式 $P(x)$ がより次数の低い有理整数係数の多項式同士の積に書き表せないとき，$P(x)$ は**既約**であるという．特に $P(x)$ が既約多項式のときに，α を **n 次の代数的整数**といい，$P(x)$ を α の**最小多項式**という．このとき，$P(x) = 0$ の根，$\alpha_1 = \alpha, \alpha_2, \cdots, \alpha_n$，を α の**共役**（**conjugate**）という．ここで，α の n 個の共役たちの基本対称式 $s_1, s_2, s_3, \cdots, s_n$ は根と係数の関係より有理整数である．したがって補題4とあわせて，次の補題は明らかである．

補題 5

任意の代数的整数 α の最小多項式を $P(x)$ とする．α の共役 $\alpha_1, \alpha_2, \cdots, \alpha_n$ の有理整数係数の対称式は，有理整数である．

それでは円周率 π が超越数であることの証明に移る．

定理 19

円周率 π は超越数である．

[証明] 円周率 π が代数的数だと仮定すると，πi も代数的数になる．πi の次数を d，最小多項式の x^d の係数を m とし，πi の共役を $\theta_1 = \pi i, \theta_2, \theta_3, \cdots, \theta_d$，とする．根と係数の関係から，$\theta_k$ たち

の基本対称式は，m 倍すると整数になる．オイラーの公式から，$e^{\pi i} = \cos\pi + i\sin\pi = -1$ なので，等式 $e^{\pi i} + 1 = e^{\theta_1} + 1 = 0$ が成り立ち，

(5) $(1+e^{\theta_1})(1+e^{\theta_2})(1+e^{\theta_3})\cdots(1+e^{\theta_d}) = 0$

である．左辺を展開する．$\varepsilon_k\ (1 \leqq k \leqq d)$ は 0 か 1 とすると，

(6) $\Theta = \varepsilon_1\theta_1 + \varepsilon_2\theta_2 + \varepsilon_3\theta_3 + \cdots + \varepsilon_d\theta_d$

の形の数は全部で 2^d 個あり，展開式はこれらの e^{Θ} の総和になる．Θ のうちで 0 にならないものが r 個あるとして，それらを $\alpha_1, \alpha_2, \alpha_3, \cdots, \alpha_r$ としよう．$e^0 = 1$ だから，

(7) $(2^d - r) + \displaystyle\sum_{1 \leqq k \leqq r} e^{\alpha_k} = 0$,

$\therefore \displaystyle\sum_{1 \leqq k \leqq r} e^{\alpha_k} = -(2^d - r)$

となる．$\alpha_1, \alpha_2, \alpha_3, \cdots, \alpha_r$ の基本対称式は 2^d 個ある Θ たちの基本対称式でもあるから，m 倍すれば整数になる．

ここで充分大きな素数 p（後で決める）をとり，

(8) $f(x) = m^{pr}x^{p-1}(x-\alpha_1)^p(x-\alpha_2)^p \cdots (x-\alpha_r)^p$

とおく．これは $n = p(r+1) - 1$ 次式である．$f(x)$ に対して定理 18 証明中の (1) $F(t) = \int_0^t f(x)e^{t-x}dx$ を作り，

$$J = F(\alpha_1) + F(\alpha_2) + F(\alpha_3) + \cdots + F(\alpha_r)$$

とおく．部分積分を繰り返すと，上述のように，

(2) $F(t) = \{f(0)e^t - f(t)\} + \{f'(0)e^t - f'(t)\} + \cdots$
$= e^t\{f(0) + f'(0) + \cdots + f^{(n)}(0)\}$
$\quad - \{f(t) + f'(t) + \cdots + f^{(n)}(t)\}$
$= e^t \sum_{j=0}^{n} f^{(j)}(0) - \sum_{j=0}^{n} f^{(j)}(t)$

なので, $J = \sum_{k=1}^{r} e^{\alpha_k} \sum_{j=0}^{n} f^{(j)}(0) - \sum_{k=1}^{r} \sum_{j=0}^{n} f^{(j)}(\alpha_k).$

(7) より, $= -(2^d - r) \sum_{j=0}^{n} f^{(j)}(0) - \sum_{k=1}^{r} \sum_{j=0}^{n} f^{(j)}(\alpha_k).$

まとめて,

(9) $J = -(2^d - r) \sum_{j=0}^{n} f^{(j)}(0) - \sum_{k=1}^{r} \sum_{j=0}^{n} f^{(j)}(\alpha_k).$

ところで, $f(x)$ を微分すると,
(a) $j \leqq p-1$ なら $f^{(j)}(\alpha_k) = 0$,
(b) $j \leqq p-2$ なら $f^{(j)}(0) = 0$,
(c) $j = p-1$ なら $f^{(p-1)}(0) = (p-1)!(-m)^{pr}(\alpha_1 \alpha_2 \cdots \alpha_r)^p$
$\qquad\qquad = (p-1)!(-1)^{pr}(m\alpha_1 \cdot m\alpha_2 \cdots m\alpha_r)^p$

ここで, 積 $m\alpha_1 \cdot m\alpha_2 \cdots m\alpha_r$ は $m\alpha_k$ たちの基本対称式だから整数になる. したがって次のことが分かる.

(10) $j < p$ ならば, $f^{(j)}(\alpha_k)$ と $f^{(j)}(0)$ は $(p-1)!$ の倍数.

ここで, 素数 p を, $p > |m\alpha_1 \cdot m\alpha_2 \cdots m\alpha_r|$ にとると,

(11) $f^{(p-1)}(0)$ は $(p-1)!$ の倍数だが, $p!$ の倍数ではない.

次に $j \geqq p$ のときを考える. (8) の $f(x)$ を j 回微分すると, $f^{(j)}(\alpha_k)$ は α_k たちの整数係数 $n - j = p(r+1) - 1 - j$ 次同次式の $m^{pr}p!$ 倍になる. $j \geqq p$ だから, $p(r+1) - 1 - j < pr$ となり,

$\sum_{k=1}^{r} f^{(j)}(\alpha_k)$ は $m\alpha_k$ たちの対称式の $p!$ 倍になる．したがって，

(d) $j \geqq p$ ならば，$\sum_{k=1}^{r} f^{(j)}(\alpha_k)$ は $p!$ の倍数．

また $j \geqq p$ のとき，$f^{(j)}(0)$ は x^{p-1} を $p-1$ 回微分して $(p-1)!$ になり，それ以外に $(x-\alpha_2)^p$ の形の項を少なくとも 1 回微分するので素因数 p が出てくる．したがって，

(e) $j \geqq p$ ならば，$f^{(j)}(0)$ は $p!$ の倍数．

(12) $j \geqq p$ ならば，$f^{(j)}(\alpha_k)$ と $f^{(j)}(0)$ は $p!$ の倍数．

素数 p を，さらに，$p > |2^d - r|$ にとると，(9)～(12) によって，$|J|$ は $(p-1)!$ の倍数だが，$p!$ の倍数ではない（したがって特に 0 ではない）ことになる．よって，

(**Claim1**) $|J| \geqq (p-1)!$ である．

一方，$f(x)$ の係数をすべて絶対値で置き換えた多項式を

$$\Psi(x) = m^{pr} x^{p-1} (x+|\alpha_1|)^p (x+|\alpha_2|)^p \cdots (x+|\alpha_r|)^p$$

と書くと，定理 18 の (3) より，

$$|F(\alpha_k)| \leqq |\alpha_k| \cdot e^{|\alpha k|} \Psi(|\alpha_k|).$$

ところで，

$$\Psi(|\alpha_k|) \leqq m^{pr} |\alpha_k|^{p-1} (|\alpha_k|+|\alpha_1|)^p (|\alpha_k|+|\alpha_2|)^p \cdots (|\alpha_k|+|\alpha_r|)^p$$

だから，十分大きな正定数 M に対して，

$$|J| \leqq \sum_{k=0}^{r} |F(\alpha_k)| \leqq M^p \text{ が成り立つ．}$$

(**Claim2**) $|J| \leqq M^p$ である．

ところが，(**Claim1**) と (**Claim2**) は両立しない．この矛盾は π が代数的数であると仮定したことによって生じたものである．

したがって，背理法によって，円周率 π は超越数である． □

―――（コラム 18　終）―――

コラム 19：e と π が無理数であることの証明

　参考までに，ネイピア数 e が無理数であることの証明と，円周率 π が無理数であることの別証明を載せておこう．π が無理数であることの証明はニヴェンによるものである．これも理工系の大学初年級の微分積分学の知識で理解できる．私は毎年学生たちに話していたのでこれらの証明には愛着がある．

★ネイピア数 e は無理数である．
[証明]　e が無理数であることの素晴らしい証明を紹介する．
e が有理数であったと仮定して，$e = \dfrac{p}{q}$（p, q は自然数）とおく．
$$e = \frac{p}{q} = 1 + \frac{1}{1!} + \frac{1}{2!} + \frac{1}{3!} + \frac{1}{4!} + \cdots$$
だから，両辺に $q!$ を掛けると，
$$\begin{aligned}
q! \times e &= (q-1)! \times p \\
&= q! + \frac{q!}{1!} + \frac{q!}{2!} + \frac{q!}{3!} + \cdots \\
&= q!\left(1 + \frac{1}{1!} + \frac{1}{2!} + \cdots + \frac{1}{q!}\right) \\
&\quad + \frac{q!}{(q+1)!} + \frac{q!}{(q+2)!} + \frac{q!}{(q+3)!} + \cdots \\
&= A + B
\end{aligned}$$

と書く．左辺と右辺の第一項 A は明らかに整数．ところで，

$$0 < B = \frac{q!}{(q+1)!} + \frac{q!}{(q+2)!} + \frac{q!}{(q+3)!} + \cdots$$
$$= \frac{1}{q+1} + \frac{1}{(q+1)(q+2)} + \frac{1}{(q+1)(q+2)(q+3)} + \cdots$$
$$< \frac{1}{q+1} + \frac{1}{(q+1)^2} + \frac{1}{(q+1)^3} + \cdots$$
$$= \frac{\dfrac{1}{q+1}}{1 - \dfrac{1}{q+1}}$$
$$= \frac{1}{q} < 1$$

よって，$0 < B < 1$ より B は整数になり得ない．これは矛盾である．従って，$e = \dfrac{p}{q}$ とは決して書けない． □

これは「神の本」に書いてあるような完璧な証明を集めた『天書の証明』（原題 "Proofs from THE BOOK"：アイグナー，ツィーグラー共著，蟹江幸博訳，縮刷版，丸善出版，2012）に載っている証明である．

★★ π は無理数である．

[証明] (**1**) 任意の $2n$ 次の多項式 $f(x)$ に対して $f^{(k)}(x) = 0$ $(k > 2n)$ だから，

$$F(x) = f(x) - f^{(2)}(x) + f^{(4)}(x) \pm \cdots + (-1)^n f^{(2n)}(x)$$

とおくと，

$$F(x) + F''(x) = f(x)$$

となる．よって $\{F'(x)\sin x - F(x)\cos x\}' = f(x)\sin x$ なので，

$$\int_0^\pi f(x)\sin x\,dx = \Big[F'(x)\sin x - F(x)\cos x\Big]_0^\pi = F(0) + F(\pi)$$
$$\cdots(*)$$

(**2**) いま $\pi = \dfrac{a}{b}$ (a, b：自然数) と書けたものと仮定する．これに対応して，特に
$f(x) = \dfrac{1}{n!} \cdot x^n(a-bx)^n$ (n は後で決める) とおくと，

$$f(0) = f'(0) = f''(0) = f^{(3)}(0) = \cdots\cdots = f^{(n-1)}(0) = 0,$$

$$f^{(n)}(0) = a^n,\; f^{(n+k)}(0) = \dfrac{n!}{(n-k)!}a^{n-k}(-b)^k \;\; (0 < k \leqq n),$$

$$f^{(2n+k)}(0) = 0 \;\; (0 < k),$$

$$f(\pi) = f'(\pi) = f''(\pi) = f^{(3)}(\pi) = \cdots\cdots = f^{(n-1)}(\pi) = 0,$$

$$f^{(n)}(\pi) = (-a)^n,$$

$$f^{(n+k)}(\pi) = \dfrac{n!}{(n-k)!} \cdot \left(\dfrac{a}{b}\right)^{n-k}(-b)^n$$
$$= (-1)^n \dfrac{n!}{(n-k)!}a^{n-k}b^k \;\; (0 < k \leqq n),$$

$$f^{(2n+k)}(\pi) = 0 \;\; (0 < k),$$

などはすべて整数だから，$F(0) + F(\pi)$ は整数になる．（なお (**2**) の部分は細かいことにこだわらず，この結果を鵜呑みにしても良い．）

(**3**) ところで $0 \leqq x \leqq \pi = \dfrac{a}{b}$ だから，
$$0 \leqq a - bx \leqq a,\; 0 \leqq \sin x \leqq 1,\; f(x) > 0,$$

$$\therefore 0 \leqq f(x) \cdot \sin x \leqq f(x) \leqq \frac{1}{n!}\pi^n a^n$$

$$\therefore 0 \leqq \int_0^\pi f(x) \cdot \sin x \, dx \leqq \frac{\pi^{n+1} a^n}{n!} = \frac{\pi \cdot (\pi a)^n}{n!}$$

となるが，この右辺は十分大きな n に対して 1 より小さい．これは（*）と（2）に矛盾する．したがって，π は有理数ではあり得ない． □

――――（コラム 19 終）――――

§21 円周率を逆正接関数で表す方法

🌱 アークタンジェント公式

§13 と §16 でも紹介したように，円周率を表すたくさんの公式の中でも，マチンの公式たちのようにアークタンジェントを用いた公式は計算に便利である．この節ではアークタンジェント公式の理論的な側面について説明しよう．主に整数の逆数のアークタンジェントの組合せを考えるので，**逆余接関数 ＝ アークコタンジェント**（arccotangent）を用いることにし，$A(x)$ と書くことにする：

$$A(x) = \operatorname{Arccot} x = \operatorname{Arctan}\frac{1}{x}$$
$$y = A(x) \Leftrightarrow x = \cot y \Leftrightarrow \frac{1}{x} = \tan y$$

この関数を用いると，例えばマチンの公式（M1-3），（M6）は，

$$\frac{\pi}{4} = A(2) + A(3) \qquad \cdots\cdots (\text{M1})$$
$$= 2A(2) - A(7) \qquad \cdots\cdots (\text{M2})$$
$$= 2A(3) + A(7) \qquad \cdots\cdots (\text{M3})$$
$$= 4A(5) - A(239) \qquad \cdots\cdots (\text{M6})$$

となるだけなので，慣れればかえって簡単である．

🍀 フィボナッチ数との関連

ここでアークコタンジェント公式とフィボナッチ数の関係を説明しよう．フィボナッチ数とは，

$$\boldsymbol{F_{n+2} = F_{n+1} + F_n\,;\ F_1 = 1,\ F_2 = 1} \qquad \cdots\cdots (\text{F})$$

によって決まる整数列に出てくる値である．最初の数項は，

1, 1, 2, 3, **5**, 8, 13, 21, 34, **55**, 89, 144, 233, 377, **610**, $\cdots$

と続く．5番目ごとに5の倍数が出てくる規則的な数列であり，またケプラーが発見した $F_{n-1}F_{n+1} - F_n^2 = (-1)^n$ のような公式もある．これらを使って変形すると，

$$F_{2n+1}F_{2n+2} - 1 = F_{2n}F_{2n+3}$$

という公式が示せる．フィボナッチ数は公式の宝庫なのである．

公式（M1）：$A(1) = A(2) + A(3)$ を，$A(F_2) = A(F_3) + A(F_4)$ と読み替えた人がいて，調べたところ，一般に次の定理が成り立つことが分かった．

定理 20

$$A(F_{2n}) = A(F_{2n+1}) + A(F_{2n+2})$$

[証明] コタンジェントの加法定理からすぐに導くことが出来る．

$$\cot(\alpha + \beta) = \frac{\cos(\alpha + \beta)}{\sin(\alpha + \beta)}$$
$$= \frac{\cot \alpha \cdot \cot \beta - 1}{\cot \alpha + \cot \beta}$$

において，$\alpha = A(F_{2n+1})$, $\beta = A(F_{2n+2})$ とおくと，

$$\cot(\alpha + \beta) = \frac{F_{2n+1} \cdot F_{2n+2} - 1}{F_{2n+1} + F_{2n+2}}$$
$$= \frac{F_{2n+1} \cdot F_{2n+2} - 1}{F_{2n+3}}$$
$$= F_{2n}$$

が成り立つのである． □

したがって，

$$A(F_2) = A(F_3) + A(F_4), A(F_4) = A(F_5) + A(F_6), \cdots$$
$$A(F_{2n}) = A(F_{2n+1}) + A(F_{2n+2})$$

となる．具体的には，

$$A(1) = A(2) + A(3), A(3) = A(5) + A(8),$$
$$A(8) = A(13) + A(21), A(21) = A(34) + A(55), \cdots$$

と続く．ここで例えば第 1 式の右辺に第 2 式を代入すると，

$$A(1) = A(2) + A(5) + A(8),$$

となる．さらに，この $A(8)$ に第 3 式を代入すると，

$$A(1) = A(2) + A(5) + A(13) + A(21),$$

となり，同様に続けて，

$$A(1) = A(2) + A(5) + A(13) + A(34) + A(55),$$
$$A(1) = A(2) + A(5) + A(13) + A(34) + A(89) + A(144), \cdots$$

とどこまでも続く．左辺の $A(1)$ は $\dfrac{\pi}{4}$ なので，フィボナッチ数を使った公式だけに限定しても，$\dfrac{\pi}{4}$ を表すアークコタンジェント公式（したがってアークタンジェント公式）は無数にたくさんあることが分かる．

ルイス・キャロルが知っていた公式

ある $A(n)$ を別の $A(k)$ たちの和で置き換えるやり方の中には，ルイス・キャロルが知っていた次のような方法もある．『不思議の国のアリス』で有名なこの人の本職は数学者で，ドジスン（Charles Dodgson；1832-98）が本名である．彼が見つけけたのは，

★ $\quad A(a) = A(b) + A(c) \Leftrightarrow (b-a)(c-a) = a^2 + 1$

という事実である．例えば $a = 5$ とすると，$5^2 + 1 = 26 = 2 \cdot 13$ なので，$b = 2 + 5 = 7$，$c = 13 + 5 = 18$ となり，

$$A(5) = A(7) + A(18),$$

となって，$A(n)$ を 2 つの $A(k)$ たちの和に変換できる．これは上述のコタンジェントの加法定理から簡単に証明できるが，フィボナッチ数を使う書き換え公式の他にも，たくさんの書き換えができる

ことが分かる．また，この事実から $A(1) = \dfrac{\pi}{4}$ を 2 つの $A(k)$ たちの和に書き表す方法は，上記の（M1）しかないことが簡単に証明できる：

★ $\dfrac{\pi}{4} = A(b) + A(c)$ と，2 つの $A(k)$ たちの和に分解する方法は

$A(1) = A(2) + A(3)$ だけである．

[証明] $(b-1)(c-1) = 1^2 + 1 = 2 = 1 \cdot 2$ より，b と c は 2 と 3 に決まるのである． □

🍂 オイラーの展開公式

全面的に $A(x)$ に切り替える前に，オイラーによるアークタンジェントの展開公式を紹介しておこう．

$y = \dfrac{x^2}{1+x^2}$ とするとき，

$$\operatorname{Arctan} x = \dfrac{y}{x}\left(1 + \dfrac{2}{3}y + \dfrac{2 \cdot 4}{3 \cdot 5}y^2 + \dfrac{2 \cdot 4 \cdot 6}{3 \cdot 5 \cdot 7}y^3 + \cdots\right)$$

$\operatorname{Arccot} x$ なら次のように書ける：

$z = \dfrac{1}{1+x^2}$ とするとき，

$$\operatorname{Arccot} x = xz\left(1 + \dfrac{2}{3}z + \dfrac{2 \cdot 4}{3 \cdot 5}z^2 + \dfrac{2 \cdot 4 \cdot 6}{3 \cdot 5 \cdot 7}z^3 + \cdots\right)$$

この展開公式を用いると，$18^2 + 1 = 325$, $57^2 + 1 = 3250$ になるので，ガウスによる円周率公式

$$\dfrac{\pi}{4} = 12 \operatorname{Arctan} \dfrac{1}{18} + 8 \operatorname{Arctan} \dfrac{1}{57} - 5 \operatorname{Arctan} \dfrac{1}{239} \quad \cdots\cdots (\mathrm{G})$$
$$= 12A(18) + 8A(57) - 5A(239)$$

において，

$$A(18) = 18\left(\frac{1}{325} + \frac{2}{3}\cdot\frac{1}{325^2} + \frac{2\cdot 4}{3\cdot 5}\cdot\frac{1}{325^3}\right.$$
$$\left.+\frac{2\cdot 4\cdot 6}{3\cdot 5\cdot 7}\cdot\frac{1}{325^4} + \cdots\right)$$
$$A(57) = 57\left(\frac{1}{3250} + \frac{2}{3}\cdot\frac{1}{3250^2} + \frac{2\cdot 4}{3\cdot 5}\cdot\frac{1}{3250^3}\right.$$
$$\left.+\frac{2\cdot 4\cdot 6}{3\cdot 5\cdot 7}\cdot\frac{1}{3250^4} + \cdots\right)$$

になる．10 進法では非常に効率的に計算できることになる．

整数のアークコタンジェントの組合せで π を表す方法

整数のアークコタンジェントを用いて円周率を表すことを考える．一つのアークコタンジェントで表す方法は，一通りしかない：

$$\frac{\pi}{4} = A(1)$$

である（後述）．2 つのアークコタンジェントの組合せで表す方法は，4 通りしかない（定理 21）．すべてマチンが見つけていた上述の（M1-3）と（M6）だけである．この事実は 19 世紀の終わりにシュテルマーが証明した．

本書の最後の目標は，このシュテルマーの定理の証明である．これを証明するために，ガウス整数の概念が必要になる．そこでガウス整数について先に解説することにする．

ガウス整数

§13 で，定理 8（M1）の（証明 4）において複素数を用いた．

$$(2+i)(3+i) = 2 \cdot 3 - 1 + i(2+3) = 5(1+i)$$

となることから，複素平面における偏角を考えて

$$A(2) + A(3) = A(1) = \frac{\pi}{4}$$

を導くというアイディアであった．この考え方を深めてシュテルマーの定理の証明にこぎつけたい．

有理整数 p, q に対して，$p+qi$ をガウス整数（Gaussian integer）という．複素平面では，実部と虚部が共に整数になる点，いわゆる格子点になる．そのすべてを $\mathbf{G} = \mathbb{Z}[i]$ と書く．$\mathbf{G}$ の中では加法，減法，乗法が自由に出来る．$z = p + qi \in \mathbf{G}$ のノルム（**Norm**）は，共役複素数 $\bar{z} = p - qi$ を用いて，

$$N(z) = z\bar{z} = (p+qi)(p-qi) = p^2 + q^2$$

で定義する．これは原点からの距離（すなわち z の絶対値 $|z|$）の 2 乗である．公式 $N(zw) = N(z) \cdot N(w)$ はすぐに確かめられる．したがって，$w \mid z \Rightarrow N(w) \mid N(z)$ である．この記号 $\mid$ は左の数が右の数を割り切ることを表し，ガウス整数においては，$z = gw$ ($g \in \mathbf{G}$) を意味する．$N(z) = 1$ となる $z \in \mathbf{G}$ を単数（**unit**）という．明らかに $\mathbf{G} = \mathbb{Z}[i]$ の単数は ± 1 と $\pm i$ の 4 つである．また，単数倍の違いしかない 2 つのガウス整数を同伴（**associate**）という．任意のガウス整数 α に同伴なガウス整数は $\pm \alpha$ と $\pm \alpha i$ の 4 つである．例えば，$3 + 2i = (2 - 3i)i$ なので $3 + 2i$ と $2 - 3i$ は同伴だが，$3 + 2i$ と $3 - 2i$ は ± 1 と $\pm i$ のどれを掛けても等しくならないから同伴ではない．

★2 つのガウス整数 α, β ($\beta \neq 0$) に対して常に割り算ができる，すなわち，$\alpha = \phi\beta + \rho$ ($N(\rho) < N(\beta)$) となるガウス整数 ϕ, ρ が存在する．ϕ を商，ρ を余りという．（証明は次の通り．$\beta\mathbf{G} =$

$\{z\beta; z \in \mathbf{G}\}$ のすべての点は,β の偏角だけ傾き,一辺が $\sqrt{N(\beta)}$ であるような正方形の頂点が作る格子点になっているから,α を含む正方形をとり,一番近い格子点を $\phi\beta$ とすればよい.このとき $N(\rho) = N(\alpha - \phi\beta) \leqq \dfrac{N(\beta)}{\sqrt{2}} < N(\beta)$ である).

★ガウス整数 α, β ($\beta \neq 0$) に対して**最大公約数 gcd($\boldsymbol{\alpha}, \boldsymbol{\beta}$) (GCD;greatest common divisor)** が求まる.これは α と β の共通の約数で,ノルムが最大のものと定義する.$\beta \neq 0$ だから約数は有限個で,ノルムが最大のものは存在するが,実は同伴を除いて(すなわち単数倍の違いを無視して)一意的に決まる.そして α と β のガウス整数倍の和で書くことが出来る.(証明は次の通り.α を β で割り,$\alpha = \phi\beta + \rho(N(\rho) < N(\beta))$ とする.$\alpha\mathbf{G} + \beta\mathbf{G} = \{z\alpha + w\beta; z, w \in \mathbf{G}\}$ と書くとき,$\alpha\mathbf{G} + \beta\mathbf{G} = \beta\mathbf{G} + \rho\mathbf{G}$ はすぐに確かめられる.例えば,$\gamma = z\rho + w\beta$ のとき,$\rho = \alpha - \phi\beta$ を代入して,$\gamma = z(\alpha - \phi\beta) + w\beta = z\alpha + (w - z\phi)\beta \in \alpha\mathbf{G} + \beta\mathbf{G}$ となる.逆はもっと簡単に分かる.そこで「ユークリッドの互除法」を使う.$\alpha = 0$ ならば $\gcd(\alpha, \beta) = \beta$ となるので $\alpha \neq 0$ とし,さらに $N(\beta) \leqq N(\alpha)$ とする.順次割り算をして,

$$\alpha = \phi_1 \beta + \rho_1 \quad (0 < N(\rho_1) < N(\beta)),$$
$$\beta = \phi_2 \rho_1 + \rho_2 \quad (0 < N(\rho_2) < N(\rho_1)),$$
$$\rho_1 = \phi_3 \rho_2 + \rho_3 \quad (0 < N(\rho_3) < N(\rho_2)),$$
$$\cdots\cdots$$
$$\rho_{k-3} = \phi_{k-1} \rho_{k-2} + \rho_{k-1} \quad (0 < N(\rho_{k-1}) < N(\rho_{k-2})),$$
$$\rho_{k-2} = \phi_k \rho_{k-1} + \rho_k \quad (0 < N(\rho_k) < N(\rho_{k-1})),$$
$$\rho_{k-1} = \phi_{k+1} \rho_k + 0,$$

となったとき,最後に現れたゼロでない余り ρ_k が $\gcd(\alpha, \beta)$ にな

る．上述の結果から，$\alpha\mathbf{G} + \beta\mathbf{G} = \beta\mathbf{G} + \rho_1\mathbf{G} = \rho_1\mathbf{G} + \rho_2\mathbf{G} = \cdots = \rho_{k-1}\mathbf{G} + \rho_k\mathbf{G} = \rho_k\mathbf{G}$ となるので，GCD は同伴を除いて一意的に決まるのである．$\gcd(\alpha, \beta) = \rho_k$ を α と β で表すには，上記のユークリッドの互除法で現れた余り ρ_k を逆にたどっていけば良い．このとき，$\rho_k = \rho_{k-2} - \phi_k \rho_{k-1} = \rho_{k-2} - \phi_k(\rho_{k-3} - \phi_{k-1}\rho_{k-2}) = \cdots$ と次第に ρ の添え数が小さくなり，最終的に $\gcd(\alpha, \beta)$ を α と β で具体的に表すことができる．)

$\gcd(\alpha, \beta) =$ 単数 となる 2 つのガウス整数 α, β は，互いに素 (**relatively prime**) である，という．このとき，$x\alpha + y\beta = 1$ となるガウス整数 x, y が存在することは，今の議論から明らかである．ガウス整数 α を $\alpha = \beta\gamma$ と積で書くと，β または γ が必ず単数になるとき，α は既約 (**irreducible**) であるという．GCD を用いると，α が既約で $\alpha \mid \beta\gamma$ のとき，$\alpha \mid \beta$ または $\alpha \mid \gamma$ となることが分かる．($\because$ α の約数は ± 1, $\pm i$, $\pm \alpha$ と $\pm \alpha i$ だけである．単数倍を無視すると，一般に $z \in \mathbf{G}$ に対して，$\alpha \mid z$ ならば $\gcd(\alpha, z) = \alpha$ であり，そうでないとき $\gcd(\alpha, z) = 1$ になる．$\alpha \mid \beta\gamma$ だから $\gcd(\alpha, \beta\gamma) = \alpha$ である．$\alpha \mid \beta$ でないとすると，$\gcd(\alpha, \beta) = 1$ なので $x\alpha + y\beta = 1$ となる．γ を掛けて，$x\alpha\gamma + y\beta\gamma = \gamma$ となる．仮定から，$\beta\gamma = \alpha\delta$ と書けるから，$x\alpha\gamma + y\alpha\delta = \gamma$ となり，$\alpha \mid \gamma$ が成り立つ．)

したがってガウス整数においては，既約元は有理整数における素数の性質を持つのである．そこで次のように定義する：

単数ではないガウス整数 α が 4 つの単数と 4 つの同伴なガウス整数以外の約数を持たないとき，α をガウス素数 (**Gaussian prime**) という．実数の素数を**有理素数**と言って区別することがある．単数はガウス素数には含めないので，任意のガウス整数はいくつかのガウス素数の積で表せて，順序と単数倍の違いを除いて一意的に定まる．こうして有理整数の世界で「素因数分解」が

出来るように，ガウス整数においても，単数の違いを除いて「素元分解」が出来るのである．また，$N(z) = 0 \Leftrightarrow z = 0$ なので，$zw = 0$ ならば，$z = 0$ または $w = 0$ が成り立つ．この事実を「$\mathbf{G} = \mathbb{Z}[i]$ は整域（integral domain）である」と表現する．こうして $\mathbf{G} = \mathbb{Z}[i]$ は素元分解環（UFD；unique factorization domain）になる．

さて，ガウス素数について，次のことはすぐに分かる：
★ $N(z) = $ 有理素数 ならば z はガウス素数である．
★ z がガウス素数である $\Leftrightarrow \bar{z}$ がガウス素数である
$\Leftrightarrow$ 任意の単数 u に対して uz がガウス素数である．
したがって，次の定理を得る．

定理 21

ガウス素数は次の3種類とそれらの同伴で尽くされる．
(1) $1 + i$
(2) $a + bi$，ただし $p = a^2 + b^2$ は $\equiv 1 \pmod 4$ なる素数
(3) $q \equiv 3 \pmod 4$ である有理素数

🌿 カルカットの補題

いよいよキーポイントである．最近，180年の伝統を誇り，オハイオ州切ってのリベラル・アーツ・カレッジであるオウバリン大学の準教授カルカット（J.S.Calcut）は次の補題を証明した：

カルカットの補題

ガウス整数 z（$z \neq 0$）に対して，z^n が実数
$\Leftrightarrow$ 適当な単数 u と自然数 k があって，$z = u(1+i)^k$ と書ける．

[証明] $1+i$ の同伴は $\pm 1 \pm i$ の4つである．$i^2 = -1$, $(1+i)^2 = 2i$ なので，$z = u(1+i)^k$ の形のガウス整数は実数になるか，2乗または4乗すれば実数になる．逆に，$z^n = m$ が有理整数だと仮定する．$z = x + yi (\neq 0)$ と書く．z が単数なら証明すべきことはないから除き，$\gcd(x,y) = 1$ である z（これを"原始的"という）だけを考えれば良い．このとき，z を割る任意のガウス素数を α とすると，$\alpha \mid z^n = m$ なので，$\bar{\alpha} \mid \bar{m}$ となるが，m が実数だから $\bar{\alpha} \mid m$ となる．$\bar{\alpha}$ は $m = z^n$ を割るガウス素数なので，$\bar{\alpha} \mid z$ となる．したがって，α が共役複素数 $\bar{\alpha}$ と同伴でないとすると，$\alpha\bar{\alpha} \mid z$ が成り立つ．$\alpha\bar{\alpha}$ は実数で $\alpha\bar{\alpha} \geq 2$ だから x と y は自然数 $\alpha\bar{\alpha} \geq 2$ で割れ，$\gcd(x,y) = 1$ に反する．したがって $\alpha = c + di$ は $\bar{\alpha} = c - di$ と同伴だから (1) $c = 0$ か (2) $d = 0$ か (3) $c = \pm d$ のいずれかが成り立つ．ところが z は"原始的"だから，始めの2つは起こらない．また α は素数だから，(3) でも $c = \pm 1$ のときに限られる．したがって α は $1+i$ の同伴である．よって適当な単数 u と，自然数 k があって，$z = u(1+i)^k$ と書ける． □

なおカルカットの論文では，z^n が有理整数ならば z は $45°$ ずつ傾いて原点を通る4本の直線（$z = x + yi \in \mathbf{G}$ において，(ⅰ) $x = 0$, (ⅱ) $y = 0$, (ⅲ) $x = y$, (ⅳ) $x = -y$）上にあると書き，原点から出る8本の半直線の図を載せる．私は"八方線"と名付けたら良いと思う．直感的で分かりやすいので図も載せておく．

🍂 アークコタンジェント公式への応用

それでは懸案の定理の証明に移る．ここでは k は有理整数，n は自然数を表すことにする．先ず小手調べにカルカットの補題を使って簡単な定理を証明する．

図 5-3 "八方線"

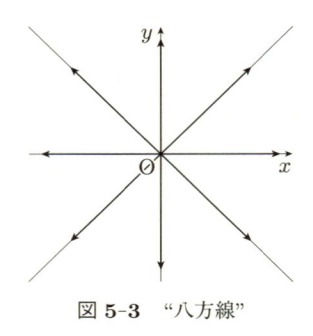

定理 22

$\tan \dfrac{k\pi}{n}$ がとる有理数の値は 0 と ± 1 だけである．

[証明] $\tan \dfrac{k\pi}{n} = \dfrac{a}{b}$ （a は整数，b は自然数）と書けたとすると，$\dfrac{k\pi}{n} = \arg(b+ai)$（$a$ は整数，b は自然数）と偏角で書ける（§ 13 定理 8（M1）の（証明 4）参照）．一般に複素数の極表示で $z = re^{i\theta} = r(\cos\theta + i\sin\theta)$ と書き表すと，$z^n = r^n e^{in\theta}$ となって，偏角は $\arg z^n = n \cdot \arg z = n\theta$ となる．

そこで今の問題に戻ると，$k\pi = n \cdot \arg(b+ai) = \arg(b+ai)^n$ となる．したがって $(b+ai)^n$ は有理整数である．補題より，$b+ai$ は八方線上にあり，その偏角は $\dfrac{\pi}{4}$ の整数倍である．タンジェントの値を調べれば定理は明らかである． □

系 1

有理数（> 0）のアークコタンジェントが π の有理数倍になるのは，$\dfrac{\pi}{4} = A(1)$ だけである．

次に有理数のアークコタンジェントの整数倍を加え合わせて π の有理数倍を表す方法を調べよう．すなわち，$A(x) = \operatorname{Arccot} x$

$= \operatorname{Arctan} \dfrac{1}{x}$ に対して,

$$\dfrac{k\pi}{n} = \sum_{j=1}^{m} m_j A\left(\dfrac{a_j}{b_j}\right) \qquad \cdots\cdots (\ast)$$

という式を満たす場合である．このとき一般性を失わずに，n と m_j と b_j は自然数で，a_j は整数 $\neq 0$, $\gcd(a_j, b_j) = 1$, $\left|\dfrac{a_j}{b_j}\right|$ はすべて異なると仮定して良い．また $\arg(a_j + ib_j) = A\left(\dfrac{a_j}{b_j}\right)$ だから，2π の整数倍の違いを無視して，

$$\dfrac{k\pi}{n} = \arg\left(\prod_{j=1}^{m}(a_j + ib_j)^{m_j}\right)$$

となる．ここで出てきた（ ）の中の積を z と書けば，

$$k\pi = n \cdot \arg z = \arg z^n$$

だから，z^n は実数である．よって補題より，$\dfrac{k\pi}{n} = \arg z$ は $\dfrac{\pi}{4}$ の整数倍である．そこで次の系 2 が成り立つ．

系 2

等式（$\ast$）がその後の条件も含めて成り立つとき，ある整数 l があって，$\dfrac{k\pi}{n} = l \cdot \dfrac{\pi}{4}$ となる．特に n は 1, 2, 4 のいずれかである．

今度は，整数のアークコタンジェント 2 つの組合せで $\dfrac{\pi}{4}$ を表す方法を調べる．すなわち,

$$\dfrac{\pi}{4} = pA(c) + qA(d) \qquad \cdots\cdots (\ast\ast)$$

という式を満たす場合である．p と q は自然数で，c と d は異なる

整数 ($\neq 0$) とする．$p = q = 1$ のときに $A(1) = A(2) + A(3)$ だけであることは上述した（p.175）．ガウス整数では，

$$\frac{\pi}{4} = \arg\{(c+i)^p(d+i)^q\}$$

となって，$z = (c+i)^p(d+i)^q$ は八方線の一つ，$z = x(1+i)$ の上に来る（x は有理整数）．したがって，z は素因数 $1+i$ を持つ．ところで，$\dfrac{m+ni}{1+i} = \dfrac{(m+ni)(1-i)}{(1+i)(1-i)} = \dfrac{(m+n)-(m-n)i}{2}$ だから，$m+ni$ は m と n の偶奇が一致するときだけ $1+i$ を素因数に持つ．特に $m+i$ は m が奇数のときだけ $1+i$ を因数に持ち，$\dfrac{m+i}{1+i} = \dfrac{(m+1)-(m-1)i}{2}$ だから，これはもはや $1+i$ を素因数に持たない（$\because$ 2数 $\dfrac{m+1}{2}$ と $\dfrac{m-1}{2}$ は差が 1 だから，偶数と奇数）．さて，$z(1-i) = (c+i)^p(d+i)^q(1-i) = 2x$ ……（∗∗∗）は偶数の有理整数だから，その共役複素数と一致し，

$$(c+i)^p(d+i)^q(1-i) = (c-i)^p(d-i)^q(1+i). \qquad (†)$$

（∗∗∗）のノルムより，$(c^2+1)^p(d^2+1)^q = 2x^2$ となる．これは偶数だから，c, d の少なくとも一方は奇数である（k が偶数なら k^2+1 は奇数，k が奇数なら k^2+1 は偶数で，4 では割れない）．しかも 2 のべき指数は奇数だから，対応するべき指数（p または q）も奇数になるものが一つだけある．そこで，$d = $ 奇数，$q = $ 奇数とする．$\dfrac{d+i}{1+i} = a + bi$ と書く．また，

$$\gamma = 1 \ (c \text{ が奇数}), \ \gamma = 0 \ (c \text{ が偶数})$$

によって γ を定め，$f + gi = \dfrac{c+i}{(1+i)^\gamma}$ と書く．すると $\dfrac{d-i}{1-i} = a - bi$, $f - gi = \dfrac{c-i}{(1-i)^\gamma}$, $\dfrac{1+i}{1-i} = i$ であることを用いて（†）を書きなおすと，

$$i^{\gamma p+q-1}(f+gi)^p(a+bi)^q = (f-gi)^p(a-bi)^q \quad (\dagger\dagger)$$

となる．ところで，$(d+i, d-i) = (d+i, (d+i)-(d-i)) = (d+i, 2i) = ((1+i)(a+bi), (1+i)(1-i)i) = (1+i) \cdot (a+bi, 1+i)$ であるが，$a+bi$ はもはや $1+i$ で割れないので，$(d+i, d-i) = 1+i$ となる．したがって $(a+bi, a-bi) = 1$ となって，$a+bi$ と $a-bi$ は互いに素である．$c+i$ と $c-i$ についても同様なので，$f+gi$ と $f-gi$ は互いに素になる．$f+gi$ と $f-gi$，および $a+bi$ と $a-bi$ が互いに素なので，$(\dagger\dagger)$ 式より適当な単数 ε_1 と ε_2 によって，

$$f+gi = \varepsilon_1(\alpha+\beta i)^q, \quad a-bi = \varepsilon_2(\alpha+\beta i)^p$$
$$f-gi = \bar{\varepsilon}_1(\alpha-\beta i)^q, \quad a+bi = \bar{\varepsilon}_2(\alpha-\beta i)^p$$

が成り立つ．よって，

$$c+i = (1+i)^\gamma(f+gi) = \varepsilon_1(1+i)^\gamma(\alpha+\beta i)^q,$$
$$d-i = (1-i)(a-bi) = \varepsilon_2(1-i)(\alpha+\beta i)^p$$

となる．よって，$c+i+d-i = c+d$ は $\alpha+\beta i$ で割り切れる．$c+d$ は実数だから，$c+d$ は $\alpha-\beta i$ でも割り切れ，したがって $(\alpha+\beta i)(\alpha-\beta i) = \alpha^2+\beta^2$ ($=A$ と書く) でも割り切れる．ノルムを比べて，$c^2+1 = 2^\gamma A^q$, $d^2+1 = 2A^p$, である．ところで不定方程式 $x^2+1 = y^k$ と $x^2+1 = 2y^k$ に関して次の補題がある：

補題 6

不定方程式 $x^2+1 = y^k$ と $x^2+1 = 2y^k$ について，
（ⅰ）$x^2+1 = y^k$ ($k>1$) は解を持たない．
（ⅱ）$x^2+1 = 2y^k$ は k が奇数の素因数を含むとき，解を持たない．
（ⅲ）$x^2+1 = 2y^4$ の整数解は $(239, 13)$ だけである．

（iv）したがって，可能な k は 1，2，4 だけである．

証明は省略するが，多くの人の努力によって得られた結果である．$c^2+1 = 2^\gamma A^q$, $d^2+1 = 2A^p$ と見比べると，$q = $ 奇数だから，$q = 1$ である．よって可能な c, d の式は次の 5 つに限られる：

① $c^2+1 = A, \ d^2+1 = 2A$,
② $c^2+1 = A, \ d^2+1 = 2A^2$,
③ $c^2+1 = 2A, \ d^2+1 = 2A^2$,
④ $c^2+1 = A, \ d^2+1 = 2A^4$,
⑤ $c^2+1 = 2A, \ d^2+1 = 2A^4$.

(**case** ①) このとき，$c+i = \varepsilon_1(\alpha+\beta i)$, $d-i = \varepsilon_2(1-i)(\alpha+\beta i) = \dfrac{\varepsilon_2(1-i)(c+i)}{\varepsilon_1} = \varepsilon_2 \dfrac{(c+1)-(c-1)i}{\varepsilon_1} = \varepsilon_3\{(c+1)-(c-1)i\}$ $\left(\text{ここで} \dfrac{\varepsilon_2}{\varepsilon_1} = \varepsilon_3 \text{と置いた}\right)$．虚数部分を比較して，$\pm(c\pm 1) = -1$ であるが，$c \neq 0$ だから $c = \pm 2$．∴ $A = 5$ だから $d = \pm 3$ となる．よって，$(2+i)(3+i) = 5+5i = 5(1+i)$ より，公式

$$\frac{\pi}{4} = A(2) + A(3) \qquad \cdots\cdots \text{(M1)}$$

を得る．

(**case** ②) このとき，$c+i = \varepsilon_1(\alpha+\beta i)$, $d-i = \varepsilon_2(1-i)(\alpha+\beta i)^2 = \dfrac{\varepsilon_2(1-i)(c+i)^2}{\varepsilon_1^2} = \varepsilon_4\{(c^2+2c-1)-(c^2-2c-1)i\}$ $\left(\text{ただし } \varepsilon_4 = \dfrac{\varepsilon_2}{\varepsilon_1^2}\right)$．虚数部分を比較して，$\pm(c^2 \pm 2c-1) = -1$．∴ $(c\pm 1)^2 - 2 = \pm 1$．$(c\pm 1)^2 \neq 3$, $c \neq 0$ だから $c = \pm 2$．∴ $A = 5$ だから $d^2+1 = 2A^2 = 50$，より $d = \pm 7$ である．よって，$(2+i)^2(7-i) = 25+25i = 25(1+i)$ より，公式

$$\frac{\pi}{4} = 2A(2) - A(7) \qquad \cdots\cdots \text{(M2)}$$

を得る.

(**case** ③) このとき, $c+i = \varepsilon_1(1+i)(\alpha+\beta i)$,
$d-i = \varepsilon_2(1-i)(\alpha+\beta i)^2 = \dfrac{\varepsilon_2(1-i)(c+i)^2}{(1+i)^2\varepsilon_1^2} = \dfrac{\varepsilon_2(1-i)(c+i)^2}{2i\varepsilon_1^2}$
$= \dfrac{\varepsilon_5\{(c^2+2c-1) - (c^2-2c-1)i\}}{2}$ $\left(\text{ただし } \varepsilon_5 = \dfrac{\varepsilon_2}{i\varepsilon_1^2}\right)$. 虚数部分を比較して, $\pm(c^2 \pm 2c - 1) = -2$. $\therefore (c\pm 1)^2 - 2 = \pm 2$. $c^2 + 1 = 2A > 2$, かつ $c \neq 0$ だから $c = \pm 3$. $\therefore A = 5$ となるので, $d^2 + 1 = 2A^2 = 50$, となり $d = \pm 7$ である. 今度は, $(3+i)^2(7+i) = 50 + 50i = 50(1+i)$ より, 次の公式を得る.

$$\frac{\pi}{4} = 2A(3) + A(7) \qquad \cdots\cdots \text{(M3)}$$

(**case** ④) このとき, $c+i = \varepsilon_1(\alpha+\beta i)$, $d-i = \varepsilon_2(1-i)(\alpha+\beta i)^4 = \dfrac{\varepsilon_2(1-i)(c+i)^4}{\varepsilon_1^4}$. ノルムは, $d^2 + 1 = 2(c^2+1)^4$ となる. 補題6 (iii) より, $d = 239$, $c^2 + 1 = 13$ となるが, このような c は存在しない.

(**case** ⑤) 同様にして, $d = 239$, $c^2 + 1 = 26$ となるので, $c = \pm 5$. $(5+i)^4(239-i) = (476+480i)(239-i) = 114244 + 114244i = 114244(1+i)$ より, 次の公式を得る.

$$\frac{\pi}{4} = 4A(5) - A(239) \qquad \cdots\cdots \text{(M6)}$$

こうして, 次の定理が証明された.

> **定理 23**
>
> 　整数のアークコタンジェント2つの整数倍の組合せで π を表す方法はマチンが見つけた4通り，すなわち
>
> $$\frac{\pi}{4} = A(2) + A(3) \qquad \cdots\cdots (\text{M1})$$
>
> $$\frac{\pi}{4} = 2A(2) - A(7) \qquad \cdots\cdots (\text{M2})$$
>
> $$\frac{\pi}{4} = 2A(3) + A(7) \qquad \cdots\cdots (\text{M3})$$
>
> $$\frac{\pi}{4} = 4A(5) - A(239) \qquad \cdots\cdots (\text{M6})$$
>
> だけである．

　なおガウスの公式のように，整数のアークコタンジェントの整数倍3項を用いて $\frac{\pi}{4}$ を表す方法は105通りあることが知られている．4項以上にすると，さらに増えていく．しかし円周率 π をアークコタンジェントで，同じことだが 逆正接関数＝アークタンジェント の組合せで表す問題はここまでにしておこう．

🍂 何とも遠くまで来たものだ

　「円周率」に付き合って，人類数千年の歩みを追ってきた．「円」という美しい図形の「周の長さと直径との比」であったが，この幸せな数には人類の知力が惜しみなく注がれて，様々なアイディアが織りなす豊かな世界を作り上げていた．

　今から2250年も昔のこと，円周率を3.14まで確定した天才アルキメデスが現れた．彼のやり方は1900年間も使われて，π を科学的に扱う唯一の方法として君臨した．

　1500年前には，中国で π を7桁も正しく計算し，密率 $\frac{355}{113}$ を与えた男，祖沖之が現れる．インドでも1200年前に同じ近似値を出

したヴィーラセーナが現れ，400年前には円周率が無理数だと書いた男ニーラカンタが現れた．アラビアではもっとずっと早く，900年前に円周率が無理数だとウマル・ハイヤミーが気付き，600年前にアル・カーシーがπを（10進法では）小数16桁まで正確に計算した．いずれもヨーロッパ数学に先駆ける快挙であった．そして極めつきは，ニュートン・ライプニッツの微分積分学建設に2〜300年も先駆けて，三角関数やその逆関数の級数展開を自由に使って円周率計算に利用していたマーダヴァなどのケーララ学派の活躍である．

　17世紀からのヨーロッパ数学の発展には目を見張るものがある．世紀の初めにアルキメデスの方法で35桁まで計算したルドルフ・ヴァン・ケーレンが古代最大の天才に見事なオマージュを捧げた．その後，素晴らしい記号法の下で微分積分学が作られ，他を寄せ付けないほどの勢いで発展していく．級数展開の方法が一般化し，精度の高い近似値が次々に求められていく．18世紀になると，効率の良い円周率計算公式の発見が相次ぎ，いきなり100桁が計算された後，計算桁数は順調に伸びて行き，20世紀の半ばに1000桁を超えるまでになっている．250年で約10倍に伸びたのである．

　ところで18世紀半ばにオイラーが円周率は「有理数で正確に表せないことは明らかである」と書いたときまでには，$\pi =$ 無理数であることは一般通念になっていたが，それを証明したのがランベルトの1761年論文であった．それから100年経って，1873年にエルミートはネイピア数 e が超越数であることを証明し，それにインスピレーションを得て，ついに1882年，リンデマンはπが超越数であることを証明したのだった．

　20世紀の半ばに，円周率を取り巻く状況は大きく変化する．コンピューターの登場である．1949年に2037桁を計算した後，1961年に10万桁，1988年2億桁，1989年10億桁，1999年2000億

桁，と進んで2002年に1兆桁を超えると，2009年には2兆5000億桁をスーパーコンピューターがたたき出した．コンピューターの進歩の速さと桁数の伸びに目を奪われていたが，その間にパソコンの性能も急進展を見せており，何と2009年暮れにはパソコンがスーパーコンピューターの記録を抜き，2011年には日本の近藤さんがついにパソコンで10兆桁をたたき出したのである！　コンピューターによる計算桁数は60年ちょっとで50億倍にもなったのだ．これは"異常"なほどの伸びである．今やパソコンが円周率計算の主役に躍り出たが，計算機の進歩というものを考えてみると，それを設計したり使いこなす技の開発は人間の役割であり，やはり人間理性の頑張りに支えられているのである．なお，2進法で円周率を計算するときには，最初から順番に計算することなく，求めたい桁を計算できる公式が発見されて，円周率をめぐる風景が少し変わってきた．

　そんな中で，人間理性の無限の可能性を信じさせる素晴らしい若者が現れた．20世紀初頭，インドに現れた青年ラマヌジャンである．1冊の数学公式集を頼りに独学で数学を学び，信じられないほど不思議で美しい公式をたくさん書き残した．円周率の公式の一つは円周率計算の世界記録更新で使われたこともある．彼が見つけた公式は次々に証明されているが，どうやって見つけたのか分からない先進的な公式もあって，全容解明にはなお時間が必要だ．

　いかにも人間臭い営みに，円周率暗唱がある．4万桁を暗唱した人がいることを知り，マラソンを見ながら自分に何が出来るかと考えて，大学を休学して42,195桁を暗唱した学生がいた．自閉症に苦しみながら2万2500桁を暗唱し，その後自分流に世間との付き合い方を覚えて社会復帰を果たした青年もいた．4万桁暗唱に発奮して，ついに10万桁まで暗唱したエンジニアもいた．みんな円周率の不思議な魅力のとりこになったのである．

小惑星イトカワまで長い旅をして地球に帰還した「はやぶさ」には円周率小数点以下 15 桁 $\pi = \mathbf{3.141592653589793}$ がプログラムされていたと聞く．この精度でなければ 3 億キロ遠方からの，7 年間 50 億キロに及ぶ長旅から帰還できなかったそうだ．陸上競技場のトラックの円の部分はルールブックで小数点以下 4 桁と決められ，砲丸投げの砲丸を作っている町工場では，何と 9 桁を使っていると言う．これは必要性からではなく社長の美学のようだ．それにしても，思いがけないところで「円周率 π」は役に立っているのである．

　「円周率 π」が科学になってからに限定しても，2250 年の間に計算桁数は 2 桁から 10 兆桁に 5 兆倍にも増えている．時代を問わず多くの数学者や多くのアマチュアの興味を惹き続けてきたのである．不思議な魅力がそうさせるのであろう．何とも贅沢なほど幸せな数だと改めて感心する．「π は無理数」なので，計算されたところから先は全く分からない数であり，この不思議さが妖しい魅力を生み，これからも新たな挑戦がなされるのであろう．今後の進展にも注目していきたいと思う．

　それでは私の「円周率 π」をめぐる旅の物語を一先ず終えることにする．皆さんも，一人一人がこの先の物語を自分で書き加えていただけたら幸いである．円周率はどんな形の挑戦も受け止める深くて豊かな数なのだから．

問 5.1

　この節の話はかなり難しくなったので，最後の問題で，本文を多少とも補うことにする．本文では整数の逆数のアークタンジェントの公式にこだわった．§13 のハリーの公式（H）とニュートンの公式（N）以外はすべてその形であった．有理数のアークタンジェントも含んだ公式にすると，ぐっと可能性が増す．

　まず，タンジェントの加法定理を使って一つのアークタンジェントをアークタンジェントの和に直す公式から

$$\tan(\alpha + \beta) = \frac{\tan\alpha + \tan\beta}{1 - \tan\alpha \cdot \tan\beta}$$

は，$\mathrm{Arctan}\, x + \mathrm{Arctan}\, y = \mathrm{Arctan}\, \dfrac{x+y}{1-xy}$ と同値である．

（ⅰ）$\mathrm{Arctan}\, \dfrac{1}{p} = \mathrm{Arctan}\, \dfrac{1}{p+q} + \mathrm{Arctan}\, \dfrac{q}{p^2+pq+1}$ を確かめよ．

　これはすでにオイラーが得ていた公式である．これを用いれば，有理数のアークタンジェントも含めて，1 つのアークタンジェントは 2 つのアークタンジェントの和に分けることが出来る．したがって §13 で挙げた公式はどれも無数にたくさんの書き換えが可能なのである．

（ⅱ）$p = 2$, $q = 1$ および $p = 3$, $q = 4$ とおいて，$\mathrm{Arctan}\, \dfrac{1}{2} = \mathrm{Arctan}\, \dfrac{1}{3} + \mathrm{Arctan}\, \dfrac{1}{7}$ および，$\mathrm{Arctan}\, \dfrac{1}{3} = \mathrm{Arctan}\, \dfrac{1}{7} + \mathrm{Arctan}\, \dfrac{2}{11}$ を示せ．

（ⅲ）$p = \dfrac{11}{2}$, $q = \dfrac{3}{2}$ とおいて，$\mathrm{Arctan}\, \dfrac{2}{11} = \mathrm{Arctan}\, \dfrac{1}{7} + \mathrm{Arctan}\, \dfrac{3}{79}$ を示せ．

（ⅳ）$\dfrac{\pi}{4} = 5\,\mathrm{Arctan}\, \dfrac{1}{7} + 2\,\mathrm{Arctan}\, \dfrac{3}{79}$ を示せ．

（v）ここで変換 $x \to y = \dfrac{x^2}{1+x^2}$ を行い，オイラーの展開式,

$$\text{Arctan}\, x = \frac{x}{1+x^2}\left(1 + \frac{2}{3}y + \frac{2\cdot 4}{3\cdot 5}y^2 + \frac{2\cdot 4\cdot 6}{3\cdot 5\cdot 7}y^3 \right.$$
$$\left. + \frac{2\cdot 4\cdot 6\cdot 8}{3\cdot 5\cdot 7\cdot 9}y^4 + \cdots\right)$$

に代入すると，$x = \dfrac{1}{7} \Rightarrow y = \dfrac{2}{100}$, $x = \dfrac{3}{79} \Rightarrow y = \dfrac{2^3}{100^3}$ となる．これを確かめよ．

したがって，

$$\frac{\pi}{4} = \frac{7}{10}\left\{1 + \frac{2}{3}\cdot\frac{2}{100} + \frac{2\cdot 4}{3\cdot 5}\left(\frac{2}{100}\right)^2 + \frac{2\cdot 4\cdot 6}{3\cdot 5\cdot 7}\left(\frac{2}{100}\right)^3\right.$$
$$\left. + \frac{2\cdot 4\cdot 6\cdot 8}{3\cdot 5\cdot 7\cdot 9}\left(\frac{2}{100}\right)^4 + \cdots\right\}$$
$$+ \frac{7584}{10^5}\left\{1 + \frac{2}{3}\cdot\frac{144}{10^5} + \frac{2\cdot 4}{3\cdot 5}\left(\frac{144}{10^5}\right)^2 + \frac{2\cdot 4\cdot 6}{3\cdot 5\cdot 7}\left(\frac{144}{10^5}\right)^3 + \cdots\right\}$$

となって，10 進法には都合の良い計算で円周率が求まる．オイラーはこの公式で，円周率 20 桁を 1 時間で計算したのである．

問 5.2

数独

3				5	2		6	
1					9	3		5
4			1				8	9
6				7	5	4		
		8		1			3	
5	2		9			1		
	3		5	9		8		
	4	1					5	3
					1	6	2	

章末問題略解

序章（**p.16**）

問 序.1　ピラミッドの大きさを調べよ．

［略解］　最大のクフ王のピラミッドは，底辺が 230.37 メートル，復元した高さは 146.59 メートル（化粧版が崩れて現在は 138.74 メートル）である．

問 序.3　半径 2 の円内を半径 1 の円が滑らずに回転する時，小円の円周上の 1 点が描く軌跡が直線になることを示せ．

［略解］　幾何学的に証明することもできるが，ここでは三角関数を用いて証明する．三角関数を知らない方は，図を参考にして図形的な証明を考えていただきたい．

定円の方程式を $x^2 + y^2 = 2^2$ とし，小円の最初 ($t=0$) の中心を $C_0 = (1,0)$，小円上の 1 点を $A_0 = P_0$ とする．小円の中心が $C_t(\cos t, \sin t)$ になったとき，定円の接点 P_t は $(2\cos t, 2\sin t)$ となる．このとき小円上の定点の位置が A_t だとする．$\angle P_t O P_0 = t$ である．$\overparen{P_t P_0} = \overparen{P_t A_t}$ だから $\angle P_t C_t A_t = 2t$ となる．ところが，$\triangle O_t O A_t$ は $C_t O = C_t A_t$ なる二等辺三角形だから，$\angle C_t O A_t = \angle C_t A_t O$ となるが，これらの和が外角 $\angle P_t C_t A_t = 2t$ だから $\angle C_t O A_t = t$ となる．すなわち，A_t は直線 CA_0 上にある．

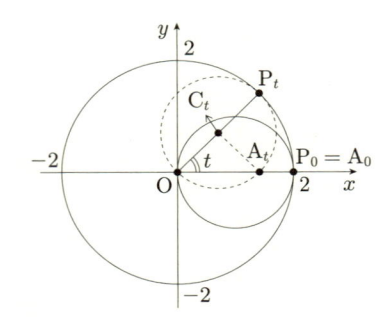

問 序.4 半径 4 の円内を半径 1 の円が滑らずに回転する時，小円の円周上の 1 点が描く軌跡（アステロイド）を式で表せ．

[略解] 定円の方程式を $x^2 + y^2 = 4^2$ とする．小円との最初 ($t = 0$) の接点を $P_0 = (4, 0)$ とし，$\angle P_t O P_0 = t$ のときの接点を P_t とする．それぞれの小円の中心は $C_0(3, 0)$，$C_t(3\cos t, 3\sin t)$ である．小円上の定点を $A_0 = P_0$ および A_t とする．$\angle P_t C_t A_t = 3t$ なので，

$$A_t : (3\cos t + \cos 3t, 3\sin t - \sin 3t)$$

とかける．$X = 3\cos t + \cos 3t, Y = 3\sin t - \sin 3t$ とおく．3 倍角の公式

$$\begin{cases} \sin 3t = 3\sin t - 4\sin^3 t, \\ \cos 3t = 4\cos^3 t - 3\cos t \end{cases}$$

を用いると，

$$X = 4\cos^3 t, Y = 4\sin^3 t$$

よってアステロイドは

$$\begin{cases} x = 4\cos^3 t \\ y = 4\sin^3 t \end{cases}$$

とかける．t を消去すると，

$$x^{\frac{2}{3}} + y^{\frac{2}{3}} = 4^{\frac{2}{3}}$$

である．

なお，一般に大円（定円）の半径 $R = qr (q > 1)$ に内接する小円（回転円）の半径を r とし，回転角を t とすると，

$$\begin{cases} \begin{aligned} x &= (R-r)\cos t + r\cos\left(\frac{R-r}{r}t\right) \\ &= (q-1)r\cos t + r\cos(q-1)t \\ y &= (R-r)\sin t + r\sin\left(\frac{R-r}{r}t\right) \\ &= (q-1)r\sin t - r\sin(q-1)t \end{aligned} \end{cases}$$

となることが分かる．

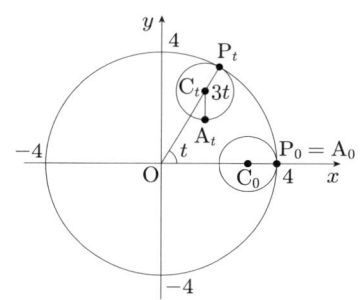

問 序.5　π を覚えるための語呂合わせ，または詩 "piems" を自分で作ってみよ．

[略解]　§3を参考にして各自のセンスで作ってみよ．

第1章（p.31）

問 1.1　円形のカンに糸を巻きつけて，長さと直径を測れ．その値から π の近似値を求めよ．

問 1.2　方眼紙にコンパスで四分の一円を描き，完全に円内に含まれる正方形と，円と共有点を持つ正方形の数を数えて π の近似値を求めよ．

問 1.3　§7に述べたやり方で，針を投げて π の近似値を求めよ．

[略解]　以上3問は本文に書いたようなやり方で，各自で試してほしい．

問 1.4　本文にも書いたが，コンピューターを使って問1.2，問1.3のやり方で π の近似値を求めるプログラムを作れ．

問 1.5　本文に書いた以外の方法で，π の近似値を求める方法を工夫せよ．

[略解]　この2問も各自で工夫すること．

問 1.6
数独

3		4	5		2	6	8	
	1			9			5	3
				1		2		
5	3				6		9	4
7	6			4	3		1	5
		8	1					2
1	2			6			4	
		5		3				
		9		8	5	1	3	

(解)

3	9	4	5	7	2	6	8	1
2	1	7	6	9	8	4	5	3
8	5	6	3	1	4	2	7	9
5	3	1	8	2	6	7	9	4
7	6	2	9	4	3	8	1	5
9	4	8	1	5	7	3	6	2
1	2	3	7	6	9	5	4	8
6	8	5	4	3	1	9	2	7
4	7	9	2	8	5	1	3	6

第 2 章 (p.39)

問 2.1 取っ手のある円形に曲げた針金の内側に，9 の形に小さく括った糸を入れ，9 の先端を針金に結ぶ．その全体をシャボン液につけた後で括った糸の中のシャボンを割って，一瞬で真円ができる様子を確かめよ．

問 2.2 コンパスで円を描き，同じ半径のまま円周を順に切って行き，6

回目にピッタリ最初の点に戻ることを確かめよ.
[略解] 2問とも略解はない. 各自で行うこと.

第3章 (p.108)

問 3.1 半径 r の円 O の周上に $AB = r$ となる2点 A, B をとって, AB の中点を M とし, OM の延長線と円周との交点を N とする. AN の長さ l を r を用いて表せ. また, $\dfrac{6l}{r}$ を求めよ. ($\sqrt{}$ を使ったままの形と, 10進小数の形で計算せよ.) [内接正12角形の周と直径の比]

[略解] AB は円 O に内接する正六角形の一辺なので, △OAB は正三角形, したがって $\angle AOM = \angle AON = 30°$ である. よって $AM = r\sin 30° = \dfrac{r}{2}$, $OM = r\cos 30° = \dfrac{\sqrt{3}}{2}r$ となる. ∴ $MN = r - \dfrac{\sqrt{3}}{2}r$.

$$\therefore AN^2 = AM^2 + MN^2 = \dfrac{r^2}{4} + \dfrac{7-4\sqrt{3}}{4}r^2$$
$$= \dfrac{4-2\sqrt{3}}{2}r^2 = \dfrac{(\sqrt{3}-1)^2}{2}r^2.$$
$$\therefore l = AN = \dfrac{\sqrt{3}-1}{\sqrt{2}}r = \dfrac{\sqrt{6}-\sqrt{2}}{2}r$$

(答) $l = \dfrac{\sqrt{6}-\sqrt{2}}{2}r$

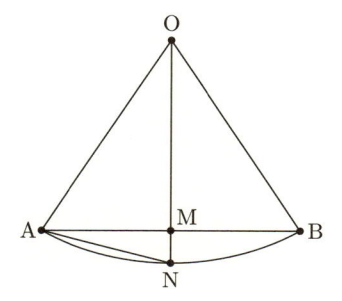

$$\therefore \dfrac{6l}{r} = 3(\sqrt{6}-\sqrt{2}) = 3.10582\cdots$$

(答) $\dfrac{6l}{r} = 3(\sqrt{6}-\sqrt{2}) = 3.10582\cdots$

問 3.2 問 3.1 で，さらに A, N の中点を P とし，OP の延長線と円周との交点を Q とする．Q を通り AN に平行な直線が OA, ON の延長と交わる点を S, T とする．ST の長さ s を r で表し，$\dfrac{6s}{r}$ を求めよ．[外接正 12 角形の周と直径の比]

[略解] $\angle \mathrm{SOQ} = 15°$ なので $\mathrm{SQ} = r\tan 15°$, $\therefore s = 2r\tan 15°$.

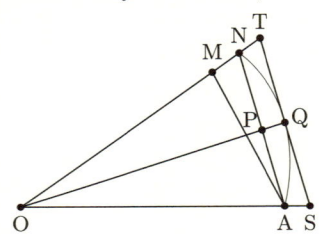

半角の公式より

$$\cos^2 15° = \frac{1+\cos 30°}{2} = \frac{2+\sqrt{3}}{4} = \frac{(\sqrt{3}+1)^2}{8}$$

$$\sin^2 15° = \frac{1-\cos 30°}{2} = \frac{2-\sqrt{3}}{4} = \frac{(\sqrt{3}-1)^2}{8}$$

$$\therefore \tan 15° = \frac{\sin 15°}{\cos 15°} = \frac{\sqrt{3}-1}{\sqrt{3}+1} = \frac{(\sqrt{3}-1)^2}{2} = \frac{4-2\sqrt{3}}{2}$$

$$= 2-\sqrt{3}$$

(答) $s = 2(2-\sqrt{3})r$

また

$$\frac{6s}{r} = 12(2-\sqrt{3})$$

(答) $\dfrac{6s}{r} = 12(2-\sqrt{3}) = 3.21539\cdots$

問 3.3 内接正六角形の周を $a_1 = 6r$ とし，問 3.1 の l を使って内接正 12 角形の周を $a_2 = 12l$ とする．さらに内接正 24 角形の周を a_3 とする．$\dfrac{a_3}{2r}$ を求めよ．(10 進小数で小数 5 桁まで計算せよ．) [内接正 24 角形の周と直径の比]

[略解] AQ の中点を R とし，OR の延長と円周の交点を U とする．$\angle \mathrm{AOR} = \angle \mathrm{AOU} = 7.5°$ なので

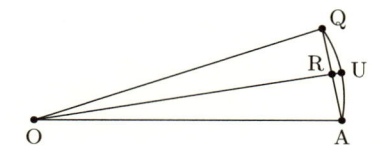

$$\text{OR} = r\cos 7.5°, \text{AR} = r\sin 7.5°$$
$$\therefore \text{AU}^2 = \text{AR}^2 + \text{RU}^2 = r^2\sin^2 7.5° + (r - r\cos 7.5°)^2$$
$$= 2r^2 - 2r^2\cos 7.5°$$

ところで

$$\sin^2 7.5° = \frac{1 - \cos 15°}{2} = \frac{1 - \dfrac{\sqrt{3}+1}{2\sqrt{2}}}{2}$$
$$= \frac{2\sqrt{2} - \sqrt{3} - 1}{4\sqrt{2}} = \frac{4 - \sqrt{6} - \sqrt{2}}{8}$$
$$\therefore \text{AR} = r \times \frac{\sqrt{4 - \sqrt{6} - \sqrt{2}}}{2\sqrt{2}}, \therefore \text{AQ} = r \times \frac{\sqrt{4 - \sqrt{6} - \sqrt{2}}}{\sqrt{2}}$$
$$\therefore a_3 = 24r \times \frac{\sqrt{4 - \sqrt{6} - \sqrt{2}}}{\sqrt{2}}$$
$$\therefore \frac{a_3}{2r} = 6\sqrt{2}\sqrt{4 - \sqrt{6} - \sqrt{2}} = 3.132628\cdots$$

$$(答)\ \frac{a_3}{2r} = 3.13262\cdots$$

問 3.4 円周率 π が 3.05 より大きいことを証明せよ.
　　　(東京大学 2003 年入学試験問題)

[略解]　問 3.1 の解より, O に内接する正 12 角形の周と比較することにより, $\pi > 3.10582$ であることがわかる. したがって当然 $\pi > 3.05$ が分かり, 証明が完了する. 別証明として円に内接する正方形をとり, 中心角 $90°$ の弦の中心 P をとって正八角形を作る.

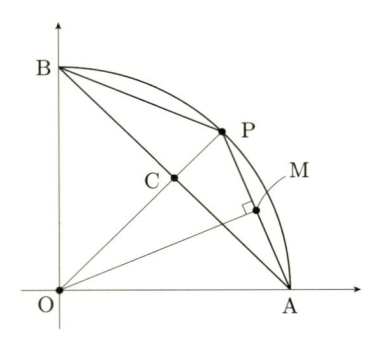

図において △AOP は二等辺三角形で，頂角は ∠AOP $= 45°$ である．AP の中点を M とすると，∠AOM $= 22.5°$ となる．よって，
$$AM = r\sin 22.5°$$

ところで
$$\sin^2 22.5° = \frac{1-\cos 45°}{2} = \frac{1-\frac{1}{\sqrt{2}}}{2} = \frac{2-\sqrt{2}}{4}$$

なので正八角形の一辺は
$$AP = 2AM = r\sqrt{2-\sqrt{2}}$$

よって円接正八角形の周長は
$$8r\sqrt{2-\sqrt{2}}$$

したがって円周率 π は
$$\pi > \frac{8r\sqrt{2-\sqrt{2}}}{2r} = 4\sqrt{2-\sqrt{2}} = 3.06146\cdots$$

となって，$\pi > 3.05$ であることが証明される．

問 3.5 定理 5 を証明せよ：

半径 r の円に内接する正 n 角形の周の長さを l_n とし，外接する正 n 角形の周の長さを L_n とすると，
$$l_{2n} = \sqrt{l_n L_{2n}},$$
$$L_{2n} = \frac{2l_n L_n}{l_n + L_n}.$$

[略解] ここでも三角関数を用いた解を記す．$\dfrac{\pi}{2n} = \theta$ とおくと，
$$l_n = 2nr\sin 2\theta, \ L_n = 2nr\tan 2\theta,$$
$$l_{2n} = 4nr\sin\theta, \ L_{2n} = 4nr\tan\theta$$
である．
$$\therefore l_n L_{2n} = 8n^2 r^2 \sin 2\theta \tan\theta$$
ところで
$$\sin 2\theta \tan\theta = 2\sin\theta\cos\theta \cdot \dfrac{\sin\theta}{\cos\theta} = 2\sin^2\theta$$
なので
$$l_n L_{2n} = 16n^2 r^2 \sin^2\theta = l_{2n}^2$$
となって前半の証明が完了する．

また，
$$l_n L_n = 4n^2 r^2 \sin 2\theta \tan 2\theta = \dfrac{4n^2 r^2 \sin^2 2\theta}{\cos 2\theta}$$
一方，
$$l_n + L_n = 2nr(\sin 2\theta + \tan 2\theta)$$
$$= 2nr\dfrac{\sin 2\theta(1+\cos 2\theta)}{\cos 2\theta}$$
$$\therefore \dfrac{2l_n L_n}{l_n + L_n} = \dfrac{4nr\sin^2 2\theta}{\sin 2\theta(1+\cos 2\theta)} = \dfrac{2nr\sin 2\theta}{\cos^2\theta} = 4nr\dfrac{\sin\theta}{\cos\theta}$$
$$= 4nr\tan\theta = L_{2n}$$
となる．

問 3.6 π の近似分数 $\dfrac{3927}{1250}$ において，「割り算をしては整数部分を除いて逆数をとる」という操作を繰り返すと，$\dfrac{3927}{1250} = 3 + \dfrac{177}{1250}$，$\dfrac{1250}{177} = 7 + \dfrac{11}{177}$，$\dfrac{177}{11} = 16 + \dfrac{1}{11}$，となる．最後の $\dfrac{1}{11}$ を省略して，16 で置き換えると，$\dfrac{11}{177} \fallingdotseq \dfrac{1}{16}$，である．したがって，$\dfrac{1250}{177} \fallingdotseq 7 + \dfrac{1}{16} = \dfrac{113}{16}$ だから，$\dfrac{177}{1250} \fallingdotseq \dfrac{16}{113}$，よって $3 + \dfrac{177}{1250} \fallingdotseq 3 + \dfrac{16}{113} = \dfrac{355}{113}$ と

なることを確かめよ．

[略解] 問題に書いた計算を各自で確かめてほしい．

問 3.7 数独

3				9	5			
	1			2		5		3
		4		1				6
2			1	4			5	
8								
6	7	5			3		1	9
1	9			5	2		3	4
		2				8		
	5			6	8	9		1

（解）

3	2	6	8	9	5	1	4	7
9	1	7	6	2	4	5	8	3
5	8	4	3	1	7	2	9	6
2	3	9	1	4	6	7	5	8
8	4	1	5	7	9	3	6	2
6	7	5	2	8	3	4	1	9
1	9	8	7	5	2	6	3	4
4	6	2	9	3	1	8	7	5
7	5	3	4	6	8	9	2	1

第4章（p.142）

問 4.1 （ⅰ）$(2+i)^2 \cdot (7-i)$ を計算せよ．

（ⅱ）$(3+i)^2 \cdot (7+i)$ を計算せよ．

（ⅲ）これが（M2）と（M3）の証明であることを確かめよ．

[略解] （ⅰ）$(2+i)^2 \cdot (7-i) = (4+4i-1) \cdot (7-i) = (3+4i) \cdot (7-i) =$

$(21+4) + (28-3)i = 25(1+i)$.
（ ii ）$(3+i)^2 \cdot (7+i) = (8+6i) \cdot (7+i) = (56-6) + (42+8)i = 50(1+i)$.
（iii）複素平面で $1+i$ の偏角は $45° = \dfrac{\pi}{4}$ なので，定理 8（M1）の（証明 4）(p.77) のように，これが（M2）と（M3）の証明になる．例えば，$\arg\{(2+i)^2 \cdot (7-i)\} = 2\arg(2+i) + \arg(7-i) = \arg 25(1+i) = \arg(1+i) = \dfrac{\pi}{4}$.

問 4.2 （ i ）$(5+i)^2$ と $(5+i)^4$ を展開せよ．
（ ii ）$(5+i)^4 \cdot (239-i)$ を計算せよ．
（iii）これが（M6）の証明であることを確かめよ．

[略解]（ i ）$(5+i)^2 = (25+10i-1) = (24+10i)$，
$(5+i)^4 = (24+10i)^2 = 476 + 480i$.
（ ii ）$(5+i)^4 \cdot (239-i) = (476+480i) \cdot (279-i) = 114244 + 114244i = 114244(1+i)$
（iii）偏角をとって，$\arg\{(5+i)^4 \cdot (239-i)\} = 4\arg(5+i) + \arg(239-i) = \arg(114244 + 114244i) = \arg(1+i) = \dfrac{\pi}{4}$. となって（M6）が証明される．

問 4.3 $\pi = \dfrac{22}{7} - \displaystyle\int_0^1 \dfrac{x^4(1-x)^4}{1+x^2} dx$ を示せ．

[略解] 割り算を実行すると，$\dfrac{x^4(1-x)^4}{1+x^2} = x^6 - 4x^5 + 5x^4 - 4x^2 + 4 - \dfrac{4}{1+x^2}$. よって，$\displaystyle\int_0^1 \dfrac{x^4(1-x)^4}{1+x^2} dx = \int_0^1 \left(x^6 - 4x^5 + 5x^4 - 4x^2 + 4 - \dfrac{4}{1+x^2} \right) dx = \left[\dfrac{x^7}{7} - \dfrac{4x^6}{6} + \dfrac{5x^5}{5} - \dfrac{4x^3}{3} + 4x - 4\operatorname{Arctan} x \right]_0^1$
$= \dfrac{1}{7} - \dfrac{2}{3} + 1 - \dfrac{4}{3} + 4 - 4\operatorname{Arctan} 1 = \dfrac{1}{7} + 3 - \pi = \dfrac{22}{7} - \pi$. 移項して与式を得る．

問 4.4 $\pi = \displaystyle\int_0^1 \dfrac{16x-16}{x^4 - 2x^3 + 4x - 4} dx$ を示せ．

[略解] まず定積分を計算しておこう．
$\dfrac{16x-16}{x^4 - 2x^3 + 4x - 4} \equiv \dfrac{4x}{x^2-2} - \dfrac{4x-8}{x^2 - 2x + 2}$ なので積分は，

$$I = \int_0^1 \left(\frac{4x}{x^2 - 2} - \frac{4x - 8}{x^2 - 2x + 2} \right) dx$$
$$= \int_0^1 \left\{ \frac{4x}{x^2 - 2} - \frac{4x - 4}{x^2 - 2x + 2} + \frac{4}{(x - 1)^2 + 1} \right\} dx$$
$$= \Big[2 \log |x^2 - 2| - 2 \log |x^2 - 2x + 2|$$
$$+ 4 \operatorname{Arctan}(x - 1) \Big]_0^1$$
$$= -2 \log 2 + 2 \log 2 + \pi = \pi$$

と確かめられる．ここでは，積分公式
$$\int \frac{f'(x)}{f(x)} dx = \log |f(x)| + C,$$
$$\int \frac{1}{x^2 + 1} dx = \operatorname{Arctan} x + C',$$
を用いた．ところで $0 < t < 1$ のときに，
$\dfrac{1}{1 - t^8} = \sum_{n=0}^{\infty} t^{8n}$ と，無限等比級数の和の公式を用いると，
$$I_k = \int_0^{\frac{1}{\sqrt{2}}} \left(\frac{t^{k-1}}{1 - t^8} \right) dt = \int_0^{\frac{1}{\sqrt{2}}} \left(\sum_{n=0}^{\infty} t^{k + 8n - 1} \right) dt$$
$$= \sum_{n=0}^{\infty} \int_0^{\frac{1}{\sqrt{2}}} t^{k + 8n - 1} dt = \sum_{n=0}^{\infty} \left[\frac{t^{k + 8n}}{8n + k} \right]_0^{\frac{1}{\sqrt{2}}}$$
$$= \frac{1}{2^{k/2}} \sum_{n=0}^{\infty} \left(\frac{1}{16^n} \cdot \frac{1}{8n + k} \right)$$
となる．そこで BBP 公式は，
$$I = \sum_{n=0}^{\infty} \frac{1}{16^n} \left(\frac{4}{8n + 1} - \frac{2}{8n + 4} - \frac{1}{8n + 5} - \frac{1}{8n + 6} \right)$$
$$= 4\sqrt{2} I_1 - 8 I_4 - 4\sqrt{2} I_5 - 8 I_6$$
$$= \int_0^{\frac{1}{\sqrt{2}}} \frac{4\sqrt{2} - 8t^3 - 4\sqrt{2} t^4 - 8t^5}{1 - t^8} dt.$$
ここで $\sqrt{2} t = x$ なる変数変換を行うと，$\sqrt{2} dt = dx$ なので，

$$I = \int_0^1 \frac{4 - 2x^3 - x^4 - x^5}{1 - \dfrac{x^8}{16}} dx$$

$$= 16 \int_0^1 \frac{x^5 + x^4 + 2x^3 - 4}{x^8 - 16} dx$$

となる．ところで，
$$x^5 + x^4 + 2x^3 - 4 = (x-1)(x^2 + 2)(x^2 + 2x + 2),$$
$$x^8 - 16 = (x^2 + 2)(x^2 - 2)(x^4 + 4)$$
$$= (x^2 + 2)(x^2 - 2)(x^4 + 4x^2 + 4 - 4x^2)$$
$$= (x^2 + 2)(x^2 - 2)(x^2 + 2x + 2)(x^2 - 2x + 2)$$

なので，$I = \displaystyle\int_0^1 \frac{16(x-1)}{(x^2-2)(x^2-2x+2)} dx$

$= \pi$ となる．

第5章 (p.192)

問 5.1 この節の話はかなり難しくなったので，最後の問題で，本文を多少とも補うことにする．本文では整数の逆数のアークタンジェントの公式にこだわった．§13 のハリーの公式（H）とニュートンの公式（N）以外はすべてその形であった．有理数のアークタンジェントも含んだ公式にすると，ぐっと可能性が増す．先ず，タンジェントの加法定理を使って一つのアークタンジェントをアークタンジェントの和に直す公式から．

$$\tan(\alpha + \beta) = \frac{\tan\alpha + \tan\beta}{1 - \tan\alpha \cdot \tan\beta}$$

は，$\operatorname{Arctan} x + \operatorname{Arctan} y = \operatorname{Arctan} \dfrac{x+y}{1-xy}$ と同値である．

（ⅰ）$\operatorname{Arctan} \dfrac{1}{p} = \operatorname{Arctan} \dfrac{1}{p+q} + \operatorname{Arctan} \dfrac{q}{p^2 + pq + 1}$ を確かめよ．

これはすでにオイラーが得ていた公式である．これを用いれば，有理数のアークタンジェントも含めて，一つのアークタンジェントは2つのアークタンジェントの和に分けることが出来る．したがって§13で挙げた公式はどれも無数にたくさんの書き換えが可能なのである．

（ⅱ）$p=2$, $q=1$ および $p=3$, $q=4$ とおいて，
$\operatorname{Arctan} \dfrac{1}{2} = \operatorname{Arctan} \dfrac{1}{3} + \operatorname{Arctan} \dfrac{1}{7}$ および，

$\operatorname{Arctan} \dfrac{1}{3} = \operatorname{Arctan} \dfrac{1}{7} + \operatorname{Arctan} \dfrac{2}{11}$ を示せ．

(iii) $p = \dfrac{11}{2}$, $q = \dfrac{3}{2}$ とおいて，

$\operatorname{Arctan} \dfrac{2}{11} = \operatorname{Arctan} \dfrac{1}{7} + \operatorname{Arctan} \dfrac{3}{79}$ を示せ．

(iv) $\dfrac{\pi}{4} = 5 \operatorname{Arctan} \dfrac{1}{7} + 2 \operatorname{Arctan} \dfrac{3}{79}$ を示せ．

(v) ここで変換 $x \to y = \dfrac{x^2}{1+x^2}$ を行い，オイラーの展開式，

$$\operatorname{Arctan} x = \dfrac{x}{1+x^2} \left(1 + \dfrac{2}{3} y + \dfrac{2 \cdot 4}{3 \cdot 5} y^2 \right.$$
$$\left. + \dfrac{2 \cdot 4 \cdot 6}{3 \cdot 5 \cdot 7} y^3 + \dfrac{2 \cdot 4 \cdot 6 \cdot 8}{3 \cdot 5 \cdot 7 \cdot 9} y^4 + \cdots \right)$$

に代入すると，$x = \dfrac{1}{7} \Rightarrow y = \dfrac{2}{100}$, $x = \dfrac{3}{79} \Rightarrow y = \dfrac{2^3}{100^3}$ となる．これを確かめよ．したがって，

$$\dfrac{\pi}{4} = \dfrac{7}{10} \left(1 + \dfrac{2}{3} \cdot \dfrac{2}{100} + \dfrac{2 \cdot 4}{3 \cdot 5} \cdot \dfrac{2}{100^2} \right.$$
$$\left. + \dfrac{2 \cdot 4 \cdot 6}{3 \cdot 5 \cdot 7} \cdot \dfrac{2}{100^3} + \dfrac{2 \cdot 4 \cdot 6 \cdot 8}{3 \cdot 5 \cdot 7 \cdot 9} \cdot \dfrac{2}{100^4} + \cdots \right)$$
$$+ \dfrac{7584}{10^5} \left(1 + \dfrac{2}{3} \cdot \dfrac{144}{10^5} + \dfrac{2 \cdot 4}{3 \cdot 5} \left(\dfrac{144}{10^5} \right)^2 \right.$$
$$\left. + \dfrac{2 \cdot 4 \cdot 6}{3 \cdot 5 \cdot 7} \left(\dfrac{144}{10^5} \right)^3 + \cdots \right)$$

となって，10 進法には都合の良い計算で円周率が求まる．オイラーはこの公式で，円周率 20 桁を 1 時間で計算したのである．

[略解] (i) 公式，$\operatorname{Arctan} x + \operatorname{Arctan} y = \operatorname{Arctan} \dfrac{x+y}{1-xy}$ において，$x = \dfrac{1}{p}$, $y = -\dfrac{1}{p+q}$ とおくと，

$$\operatorname{Arctan} \dfrac{1}{p} - \operatorname{Arctan} \dfrac{1}{p+q} = \operatorname{Arctan} \dfrac{\dfrac{1}{p} - \dfrac{1}{p+q}}{1 + \dfrac{1}{p(p+q)}}$$
$$= \operatorname{Arctan} \dfrac{q}{p^2 + pq + 1}$$

(ii), (iii) 問題文通りに p, q を代入すればよい．

(iv) 公式 (M1) より, $\dfrac{\pi}{4} = \operatorname{Arctan}\dfrac{1}{2} + \operatorname{Arctan}\dfrac{1}{3}$

$= 2\operatorname{Arctan}\dfrac{1}{3} + \operatorname{Arctan}\dfrac{1}{7}$

$= 3\operatorname{Arctan}\dfrac{1}{7} + 2\operatorname{Arctan}\dfrac{2}{11}$

$= 5\operatorname{Arctan}\dfrac{1}{7} + 2\operatorname{Arctan}\dfrac{3}{79}$

(v) 変換式 $x \to y = \dfrac{x^2}{1+x^2}$ に $x = \dfrac{1}{7}$, $x = \dfrac{3}{79}$ を代入すると, $y = \dfrac{2}{100}$ と $y = \dfrac{2^3}{100^3}$ が確かめられる.

問 5.2 数独

3				5	2		6	
1					9	3		5
4			1				8	9
6				7	5	4		
		8		1			3	
5	2		9			1		
	3		5	9		8		
	4	1					5	3
					1	6	2	

210　章末問題略解

(解)

3	8	9	4	5	2	7	6	1
1	6	2	7	8	9	3	4	5
4	5	7	1	6	3	2	8	9
6	1	3	2	7	5	4	9	8
9	7	8	6	1	4	5	3	2
5	2	4	9	3	8	1	7	6
2	3	6	5	9	7	8	1	4
7	4	1	8	2	6	9	5	3
8	9	5	3	4	1	6	2	7

または,

3	8	9	4	5	2	7	6	1
1	6	2	7	8	9	3	4	5
4	5	7	1	3	6	2	8	9
6	1	3	8	7	5	4	9	2
9	7	8	2	1	4	5	3	6
5	2	4	9	6	3	1	7	8
2	3	6	5	9	7	8	1	4
7	4	1	6	2	8	9	5	3
8	9	5	3	4	1	6	2	7

または,

3	8	9	4	**5**	**2**	7	**6**	1
1	6	2	7	8	**9**	**3**	4	**5**
4	5	7	**1**	3	6	2	**8**	**9**
6	1	3	8	**7**	**5**	**4**	9	2
9	7	**8**	2	**1**	4	5	**3**	6
5	**2**	4	**9**	6	3	**1**	7	8
2	**3**	6	**5**	**9**	7	**8**	1	4
7	**4**	**1**	6	2	8	9	**5**	**3**
8	9	5	3	4	**1**	**6**	**2**	7

付録　円周率の1万桁

3.
1415926535 8979323846 2643383279 5028841971 6939937510 5820974944
5923078164 0628620899 8628034825 3421170679 8214808651 3282306647
0938446095 5058223172 5359408128 4811174502 8410270193 8521105559
6446229489 5493038196 4428810975 6659334461 2847564823 3786783165
2712019091 4564856692 3460348610 4543266482 1339360726 0249141273
7245870066 0631558817 4881520920 9628292540 9171536436 7892590360
0113305305 4882046652 1384146951 9415116094 3305727036 5759591953
0921861173 8193261179 3105118548 0744623799 6274956735 1885752724
8912279381 8301194912
9833673362 4406566430 8602139494 6395224737 1907021798 6094370277
0539217176 2931767523 8467481846 7669405132 0005681271 4526356082
7785771342 7577896091 7363717872 1468440901 2249534301 4654958537
1050792279 6892589235 4201995611 2129021960 8640344181 5981362977
4771309960 5187072113 4999999837 2978049951 0597317328 1609631859
5024459455 3469083026 4252230825 3344685035 2619311881 7101000313
7838752886 5875332083 8142061717 7669147303 5982534904 2875546873
1159562863 8823537875 9375195778 1857780532 1712268066 1300192787
6611195909 2164201989　　　　　　　　　　　　　　　　　　　　**(1000)**
3809525720 1065485863 2788659361 5338182796 8230301952 0353018529
6899577362 2599413891 2497217752 8347913151 5574857242 4541506959
5082953311 6861727855 8890750983 8175463746 4939319255 0604009277
0167113900 9848824012 8583616035 6370766010 4710181942 9555961989
4676783744 9448255379 7747268471 0404753464 6208046684 2590694912
9331367702 8989152104 7521620569 6602405803 8150193511 2533824300
3558764024 7496473263 9141992726 0426992279 6782354781 6360093417
2164121992 4586315030 2861829745 5570674983 8505494588 5869269956
9092721079 7509302955

3211653449 8720275596 0236480665 4991198818 3479775356 6369807426
5425278625 5181841757 4672890977 7727938000 8164706001 6145249192
1732172147 7235014144 1973568548 1613611573 5255213347 5741849468
4385233239 0739414333 4547762416 8625189835 6948556209 9219222184
2725502542 5688767179 0494601653 4668049886 2723279178 6085784383
8279679766 8145410095 3883786360 9506800642 2512520511 7392984896
0841284886 2694560424 1965285022 2106611863 0674427862 2039194945
0471237137 8696095636 4371917287 4677646575 7396241389 0865832645
9958133904 7802759009 **(2000)**
9465764078 9512694683 9835259570 9825822620 5224894077 2671947826
8482601476 9909026401 3639443745 5305068203 4962524517 4939965143
1429809190 6592509372 2169646151 5709858387 4105978859 5977297549
8930161753 9284681382 6868386894 2774155991 8559252459 5395943104
9972524680 8459872736 4469584865 3836736222 6260991246 0805124388
4390451244 1365497627 8079771569 1435997700 1296160894 4169486855
5848406353 4220722258 2848864815 8456028506 0168427394 5226746767
8895252138 5225499546 6672782398 6456596116 3548862305 7745649803
5593634568 1743241125
1507606947 9451096596 0940252288 7971089314 5669136867 2287489405
6010150330 8617928680 9208747609 1782493858 9009714909 6759852613
6554978189 3129784821 6829989487 2265880485 7564014270 4775551323
7964145152 3746234364 5428584447 9526586782 1051141354 7357395231
1342716610 2135969536 2314429524 8493718711 0145765403 5902799344
0374200731 0578539062 1983874478 0847848968 3321445713 8687519435
0643021845 3191048481 0053706146 8067491927 8191197939 9520614196
6342875444 0643745123 7181921799 9839101591 9561814675 1426912397
4894090718 6494231961 **(3000)**
5679452080 9514655022 5231603881 9301420937 6213785595 6638937787
0830390697 9207734672 2182562599 6615014215 0306803844 7734549202
6054146659 2520149744 2850732518 6660021324 3408819071 0486331734
6496514539 0579626856 1005508106 6587969981 6357473638 4052571459
1028970641 4011097120 6280439039 7595156771 5770042033 7869936007
2305587631 7635942187 3125147120 5329281918 2618612586 7321579198
4148488291 6447060957 5270695722 0917567116 7229109816 9091528017
3506712748 5832228718 3520935396 5725121083 5791513698 8209144421
0067510334 6711031412

215

6711136990 8658516398 3150197016 5151168517 1437657618 3515565088
4909989859 9823873455 2833163550 7647918535 8932261854 8963213293
3089857064 2046752590 7091548141 6549859461 6371802709 8199430992
4488957571 2828905923 2332609729 9712084433 5732654893 8239119325
9746366730 5836041428 1388303203 8249037589 8524374417 0291327656
1809377344 4030707469 2112019130 2033038019 7621101100 4492932151
6084244485 9637669838 9522868478 3123552658 2131449576 8572624334
4189303968 6426243410 7732269780 2807318915 4411010446 8232527162
0105265227 2111660396   **(4000)**
6655730925 4711055785 3763466820 6531098965 2691862056 4769312570
5863566201 8558100729 3606598764 8611791045 3348850346 1136576867
5324944166 8039626579 7877185560 8455296541 2665408530 6143444318
5867697514 5661406800 7002378776 5913440171 2749470420 5622305389
9456131407 1127000407 8547332699 3908145466 4645880797 2708266830
6343285878 5698305235 8089330657 5740679545 7163775254 2021149557
6158140025 0126228594 1302164715 5097925923 0990796547 3761255176
5675135751 7829666454 7791745011 2996148903 0463994713 2962107340
4375189573 5961458901
9389713111 7904297828 5647503203 1986915140 2870808599 0480109412
1472213179 4764777262 2414254854 5403321571 8530614228 8137585043
0633217518 2979866223 7172159160 7716692547 4873898665 4949450114
6540628433 6639379003 9769265672 1463853067 3609657120 9180763832
7166416274 8888007869 2560290228 4721040317 2118608204 1900042296
6171196377 9213375751 1495950156 6049631862 9472654736 4252308177
0367515906 7350235072 8354056704 0386743513 6222247715 8915049530
9844489333 0963408780 7693259939 7805419341 4473774418 4263129860
8099888687 4132604721   **(5000)**
5695162396 5864573021 6315981931 9516735381 2974167729 4786724229
2465436680 0980676928 2382806899 6400482435 4037014163 1496589794
0924323789 6907069779 4223625082 2168895738 3798623001 5937764716
5122893578 6015881617 5578297352 3344604281 5126272037 3431465319
7777416031 9906655418 7639792933 4419521541 3418994854 4473456738
3162499341 9131814809 2777710386 3877343177 2075456545 3220777092
1201905166 0962804909 2636019759 8828161332 3166636528 6193266863
3606273567 6303544776 2803504507 7723554710 5859548702 7908143562
4014517180 6246436267

9456127531 8134078330 3362542327 8394497538 2437205835 3114771199
2606381334 6776879695 9703098339 1307710987 0408591337 4641442822
7726346594 7047458784 7787201927 7152807317 6790770715 7213444730
6057007334 9243693113 8350493163 1284042512 1925651798 0694113528
0131470130 4781643788 5185290928 5452011658 3934196562 1349143415
9562586586 5570552690 4965209858 0338507224 2648293972 8584783163
0577775606 8887644624 8246857926 0395352773 4803048029 0058760758
2510474709 1643961362 6760449256 2742042083 2085661190 6254543372
1315359584 5068772460   **(6000)**
2901618766 7952406163 4252257719 5429162991 9306455377 9914037340
4328752628 8896399587 9475729174 6426357455 2540790914 5135711136
9410911939 3251910760 2082520261 8798531887 7058429725 9167781314
9699009019 2116971737 2784768472 6860849003 3770242429 1651300500
5168323364 3503895170 2989392233 4517220138 1280696501 1784408745
1960121228 5993716231 3017114448 4640903890 6449544400 6198690754
8516026327 5052983491 8740786680 8818338510 2283345085 0486082503
9302133219 7155184306 3545500766 8282949304 1377655279 3975175461
3953984683 3936383047
4611996653 8581538420 5685338621 8672523340 2830871123 2827892125
0771262946 3229563989 8989358211 6745627010 2183564622 0134967151
8819097303 8119800497 3407239610 3685406643 1939509790 1906996395
5245300545 0580685501 9567302292 1913933918 5680344903 9820595510
0226353536 1920419947 4553859381 0234395544 9597783779 0237421617
2711172364 3435439478 2218185286 2408514006 6604433258 8856986705
4315470696 5747458550 3323233421 0730154594 0516553790 6866273337
9958511562 5784322988 2737231989 8757141595 7811196358 3300594087
3068121602 8764962867   **(7000)**
4460477464 9159950549 7374256269 0104903778 1986835938 1465741268
0492564879 8556145372 3478673303 9046883834 3634655379 4986419270
5638729317 4872332083 7601123029 9113679386 2708943879 9362016295
1541337142 4892830722 0126901475 4668476535 7616477379 4675200490
7571555278 1965362132 3926406160 1363581559 0742202020 3187277605
2772190055 6148425551 8792530343 5139844253 2234157623 3610642506
3904975008 6562710953 5919465897 5141310348 2276930624 7435363256
9160781547 8181152843 6679570611 0861533150 4452127473 9245449454
2368288606 1340841486

3776700961 2071512491 4043027253 8607648236 3414334623 5189757664
5216413767 9690314950 1910857598 4423919862 9164219399 4907236234
6468441173 9403265918 4044378051 3338945257 4239950829 6591228508
5558215725 0310712570 1266830240 2929525220 1187267675 6220415420
5161841634 8475651699 9811614101 0029960783 8690929160 3028840026
9104140792 8862150784 2451670908 7000699282 1206604183 7180653556
7252532567 5328612910 4248776182 5829765157 9598470356 2226293486
0034158722 9805349896 5022629174 8788202734 2092222453 3985626476
6914905562 8425039127   (8000)
5771028402 7998066365 8254889264 8802545661 0172967026 6407655904
2909945681 5065265305 3718294127 0336931378 5178609040 7086671149
6558343434 7693385781 7113864558 7367812301 4587687126 6034891390
9562009939 3610310291 6161528813 8437909904 2317473363 9480457593
1493140529 7634757481 1935670911 0137751721 0080315590 2485309066
9203767192 2033229094 3346768514 2214477379 3937517034 4366199104
0337511173 5471918550 4644902636 5512816228 8244625759 1633303910
7225383742 1821408835 0865739177 1509682887 4782656995 9957449066
1758344137 5223970968
3408005355 9849175417 3818839994 4697486762 6551658276 5848358845
3142775687 9002909517 0283529716 3445621296 4043523117 6006651012
4120065975 5851276178 5838292041 9748442360 8007193045 7618932349
2292796501 9875187212 7267507981 2554709589 0455635792 1221033346
6974992356 3025494780 2490114195 2123828153 0911407907 3860251522
7429958180 7247162591 6685451333 1239480494 7079119153 2673430282
4418604142 6363954800 0448002670 4962482017 9289647669 7583183271
3142517029 6923488962 7668440323 2609275249 6035799646 9256504936
8183609003 2380929345   (9000)
9588970695 3653494060 3402166544 3755890045 6328822505 4525564056
4482465151 8754711962 1844396582 5337543885 6909411303 1509526179
3780029741 2076651479 3942590298 9695946995 5657612186 5619673378
6236256125 2163208628 6922210327 4889218654 3648022967 8070576561
5144632046 9279068212 0738837781 4233562823 6089632080 6822246801
2248261177 1858963814 0918390367 3672220888 3215137556 0037279839
4004152970 0287830766 7094447456 0134556417 2543709069 7939612257
1429894671 5435784687 8861444581 2314593571 9849225284 7160504922
1242470141 2147805734

5510500801 9086996033 0276347870 8108175450 1193071412 2339086639
3833952942 5786905076 4310063835 1983438934 1596131854 3475464955
6978103829 3097164651 4384070070 7360411237 3599843452 2516105070
2705623526 6012764848 3084076118 3013052793 2054274628 6540360367
4532865105 7065874882 2569815793 6789766974 2205750596 8344086973
5020141020 6723585020 0724522563 2651341055 9240190274 2162484391
4035998953 5394590944 0704691209 1409387001 2645600162 3742880210
9276457931 0657922955 2498872758 4610126483 6999892256 9596881592
0560010165 5256375678   **(10000)**

あとがき

　ようやく円周率の本を書き上げてほっとしている．ほとんど人類文明と同じ長さの歴史を持ち，多くの人たちから熱い情熱と愛情を注がれたこの魅惑的な数についての物語を追いかけるのは思ったよりも大変な作業であった．だが，それだけにやりがいのある仕事でもあった．最後に文献案内も兼ねて，いくつかの書籍を紹介しておこう．

　一般の方を対象にした円周率についての名著が最近文庫本になって，入手しやすくなったのは大変うれしい．

(1) 野崎昭弘著『πの話』(岩波現代文庫，2011)

(2) ペートル・ベックマン著『πの歴史』(ちくま学芸文庫，2006)

　　どちらも40年選手のロングセラーであるが，(1)は「岩波科学の本」の1冊として出版されたもので，中学生・高校生を対象として書かれたもの．真正面から円周率と向き合っているが，丁寧な説明でとても読みやすい．(2)は歴史を追った本だが，文明批判の毒舌がじつに面白い．数学的にはやや物足りない面もあるが，それ以上に得る物の多い名著である．

(3) 上野健爾著『円周率が歩んだ道』(岩波現代全書，2013)

　　本書の原稿を書き上げた後で，新しい叢書の創刊に合わせて刊

行されたことを知った．ビックリしたが，円周率の歴史について昔から正確で深い考察を続けてきた著者による期待の新刊である．簡単な注と共にマチンが得た7つのアークタンジェント公式を載せている．前著『円周率πをめぐって』(「はじめよう数学」シリーズ第1巻，日本評論社，1999)は高校生に向けた連続講座を基にした『数学セミナー』への連載(1993/4～1994/3)を出版した本で，説明がとても丁寧であった．

(4) ポザマンティエ，レーマン共著『不思議な数πの伝記』(日経BP社，2005)

割合新しい一般の方向けの興味深い本である．数学的には物足りないが，思いがけないところに現れるπの値や，666をめぐる物語や定幅曲線(ルーローの三角形)など，πに関連する雑学ねたが満載である．この後このコンビは『不思議な数列フィボナッチの秘密』(日経BP社，2010)，『偏愛的数学Ⅰ 驚異の数』(岩波書店，2011)，『偏愛的数学Ⅱ 魅惑の図形』(岩波書店，2011)などで数学の魅力を伝え続けている．

(5) ジャン＝ポール・ドゥラエ著『π 魅惑の数』(朝倉書店，2001)

円周率の様々な面について，かなり深く追求した書．数学者も驚くような新しい発見などの記述も多い．補足の一つで，ベイカーによるeとπの超越性の証明がそのまま引用されている．付録には原著出版時点までの円周率計算の歴史(515億桁まで；訳注で2000億桁が補足される)や公式がまとめられている．10進法と2進法で円周率1万桁，3進法から9進法まで1000桁，20進法と60進法で200桁，そしてアルファベットで表す26進法2000桁など他では見られない数表も充実している．

(6) 竹之内脩・伊藤隆共著『π—πの計算 アルキメデスから現

代まで―』(共立出版, 2007)

円周率の計算公式やその計算結果などについて，歴史と共にくわしくまとめてあって面白い．

(7) 小林昭七著『円の数学』(裳華房, 1999)

高校生や高校教員に向けた講演を基にまとめた本で，分かりやすく始まり，かなり深いところまで書いてある．

なお，(3)，(6)，(7) には，π が超越数であることの証明も書かれている．いずれも分かりやすい．

e と π の無理性と超越性については，次の 2 冊，

(8) 塩川宇賢著『無理数と超越数』(森北出版, 1999)

(9) Alan Baker 著『Transcendental Number Theory』(Cambridge Univ. Press, 1974)

は基本文献である．特に (8) はこの分野における日本で初の入門書である．(9) の証明は簡潔で無駄がなく，それでいて必要なことはすべて書いてあるというエレガントな証明の見本であるが，かなり数学の訓練を受けている方でないと読み解けないであろう．上述の通り (5) には証明の邦訳が載っている．

(10) Berggren, J.Borwein, P.Borwein 共著『Pi：A Source Book』(Springer, 1997)

円周率に関する古代からの資料をまとめた本である．私も何かというとページを繰って様々な資料を見ている．版は新しくなっているが，今でも入手できる．

(11) 楠葉隆徳，林隆夫，矢野道雄共著『インド数学研究』(恒星社厚生閣, 1997)

マーダヴァ学派の円周率や三角法に関する原典とその翻訳と注釈，およびインドにおけるそれらの歴史の解説からなる．私たちはまだまだインド数学の本当の姿を知らない，と思わせる貴

重な書．専門的な歴史書であるが，敢えて挙げておく．
　インターネットの情報はとても便利である．怪しげな情報も多い中で，日本では次の2つは安心して使える．
(12) 柴田昭彦「円周率ものがたり」
　　　www5f.biglobe.ne.jp/~tsuushin/sub1d.html
　　学生時代から円周率について興味を持って深く調べ，今も随時更新し続けている柴田さんのサイトで信頼できる．
(13) 松元隆二「arctan 関係式一覧」改訂2版（2000/3/23）
　　　www.pluto.ai.kyutech.ac.jp/~matumoto/atan_table.txt
　　円周率 π を求める Arctan 公式が多数求められており，3項のもの 105 個全部を載せる．4項のものが 3964 個，5項のものが 182723 個と書かれているが，20 個ずつが紹介されている．
(14) Andersen,D.G.；「Pi Search」
　　　www.angio.net/pi/piquery
　　数字の並びを入れると，π の何桁目からその並びが現れるか，すぐに答えてくれる面白いサイトだ．試みに "3141592" という並びを入れてみたら，25198140 桁目から，28625511 桁目から，44623001 桁目から，50366472 桁目から，57530926 桁目から，84487146 桁目から，…と返ってきた（桁数は小数点以下の桁数で3を含まない）．1億桁までにはこの6箇所だけだと分かる．
(15) Gourevitch,B.；「The world of π」
　　　www.pi314.net
　　円周率に関するフランス語のサイトが英訳された．色々なことが書いてあって楽しめる．
　すでに絶版になっている本の中から2冊だけ挙げておこう．今でも図書館などで探して読んでみるだけの価値がある．
(16) 金田康正著『π のはなし』（東京図書，1991）

円周率計算の世界記録を長い間保持していた著者が口述し，編集者が原稿を起こす形で作られた本．チュドゥノフスキー兄弟との熾烈な計算競争に打ち勝って，10億7千万桁余りで世界記録を取り戻した直後の正直な気持ちが読み取れる．数学的にはそれほど深くはないが，第一人者の言葉には重みがある．

(17) 雑誌『数学文化』創刊号（日本評論社，2003）
「円周率 π」特集である．円周率に関して様々な人が得意分野について書いていて，小冊子ながら内容がとても充実している．

私の目を逃れた名著もあるに違いないが，各自の興味に合わせて，本書とあわせて楽しんでいただけたら幸いである．

以上で私が案内する円周率の物語を終わりとする．この先の物語は，皆さん自身が追い続けてほしい．まだまだ先の長い未知の物語が，皆さん一人ひとりの興味に合わせて書き継がれ，それぞれの充実を見せることを期待して擱筆することにする．

索　引

■ 記号・欧文

AGM 公式　120
BBP 公式　121, 122

■ あ

アークコタンジェント　81, 171
アークタンジェント　72, **81**
アールヤバタ　66
安島直円　103
アステロイド　7
アナクサゴラス　41
アポロニオス　10
余り（ガウス整数）　177
アリストテレス　9
有馬頼徸　103
アル・カーシー　69
アルキメデス　39
アルキメデスのスパイラル　45
アンティポン　54
イー（アレクサンダー・J）　135
ヴィーラセーナ　67
ヴィエト　70
ヴィエトの公式　112
ウォリス　113
ウォリスの公式　112
ウマル・ハイヤミー　69
エウクレイデス　56

エウドクソス　10, 54
エラトステネス　11
エルミート　147
『円周についての論考』（アル・カーシー）　69
円周率　2
円錐曲線　41
円積曲線　41
円積問題　41
円積率　3
『円について』（ルドルフ・ヴァン・ケーレン）　129
『円の計測』（アルキメデス）　56
円の正方形化問題　41
オイラー　2, 78
オイラーの公式　77, **91**
オイラーの展開公式　175

■ か

ガウス整数　177
ガウス素数　179
ガウスの公式　123
角の 3 等分問題　41
『括要算法』（関孝和遺著）　101
金田康正　119, 130
ガリレオ・ガリレイ　69
カルカットの補題　180

カルダノ　7
『幾何学』（デカルト）　70
基本対称式　162
既約　164
既約（ガウス整数）　179
逆正弦関数　81
逆正接関数　72
逆余接関数　171
『九章算術』　64
共役　164
クライン　157
クリンゲンシェルナ　79
久留島 義太　103
グレゴリー　73
グレゴリー＝ライプニッツ公式　72, 115
クレプシュ　156
ケプラー　56
『原論』（エウクレイデス）　56, **146**
ゴスパー　118
後藤裕之　141
弧度法　43
コンコイド　46
近藤茂　133
根と係数の関係　163

■ さ
最小多項式　164
最大公約数（ガウス整数）　178
サラミン　119
算術＝幾何平均　119
三大作図問題　40
シッソイド　46
シムソン　79, 83
シムソン＝クリンゲンシェルナの公式　79

シャープ　74
シュタイナー　20
主値　81
シュテルマー　117
シュテルマーの公式　123
商（ガウス整数）　177
ジョーンズ　3, 78
整域　180
整数係数対称式　162
関孝和　100
絶対値　77
双曲線　45
相似　8
祖 沖之　64
素元分解環　180

■ た
代数的整数　163
楕円　45
互いに素（ガウス整数）　179
高野喜久雄　117
高野の公式　116
ダグラス　35
建部賢明　101
建部賢弘　101
ダニエル・ベルヌーイ　7
単数　177
チュドゥノフスキー兄弟　118
超越数　153
ディオクレス　41
ディドーの問題　18
ディノストラトゥス　44
テイラー　88
デカルト　70
『綴術算経』（建部賢弘）　101
『綴術』（祖 沖之）　65
デルトイド　7

同伴　177
ドジスン　174
友寄英哲　140
トリチェリ　88
取り尽し法　54

■な
内藤政樹　103
ニーラカンタ　67
ニヴェン　147
ニヴェン-インケリの定理　152
ニコメデス　41
ニュートン　71
ニュートンの公式　74, 115
ノルム　177

■は
バースカラⅠ　66
バーゼル問題　94
ハイポ・サイクロイド　7
ハットン　79
八方線　181
原口證　138
ハリー　74
ハリーの公式　74, 115
バロウ　88
ビールニー　12
ヒッパルコス　10
ヒッピアス　41
ヒポクラテス（キオスの）　44
ビュフォン　28
ビュフォンの針　28
ヒルベルト　157
フィボナッチ数　172
複素数の極表示　77
プトレマイオス　10
ブラウンカー　114

ブラウンカーの公式　114
プラトー　35
プラトー問題　35
プラトン　9
ブラフマーグプタ　66
ブリュソン　54
プルーフ　121
ブレント　119
ベイリー　121
ベラール　135
ベルヌーイ　7
ベルヌーイ兄弟　91
ヘルマン　78
偏角　77
ホイヘンス　71
放物線　45
ボルウェイン兄弟　120
ボルウェインの公式　120

■ま
マーダヴァ　67
マーラー　122
マチン　75
マチンの公式　75
松永良弼　103
『無限解析入門』（オイラー）　4, **96**
村松茂清　100
メナイクモス　41
メンゴリ　94

■や
ヤーコプ・ベルヌーイ　91
有理整数　164
有理素数　179
ヨーハン・ベルヌーイ　7, 91
吉田光由　100

■ ら

ライプニッツ　71
ラグランジュ　35
ラマヌジャン　117
ラマヌジャン公式　118
ランベルト　147
ランベルトの定理　148
立方体倍積問題　41
劉徽　64
リンデマン　154, 156
リンデマンの定理　154
ルイス・キャロル　174

ルジャンドル　147
ルドルフ・ヴァン・ケーレン　128
ルドルフ数　128
レーマー　7
論証数学　40

■ わ

和田寧　103
割り算（ガウス整数）　177
ワンツェル　155

〈著者紹介〉

中村　滋（なかむら　しげる）

略　歴
1943 年　埼玉県生まれ．
1965 年　東京大学理学部数学科卒業．
1967 年　東京大学大学院理学系研究科修士課程修了，理学修士．
東京商船大学商船学部教授などを経て，
現在，東京海洋大学名誉教授，日本フィボナッチ協会代表．
専門は数論．

著　書
『フィボナッチ数の小宇宙（ミクロコスモス）——フィボナッチ数，リュカ数，黄金分割』日本評論社，初版 2002，改訂版 2008．
『微分積分学 21 講　天才たちのアイディアによる教養数学』東京図書，2008．
『数学の花束』岩波書店，2008．
『円錐曲線　歴史とその数理』共立出版，2011．

数学のかんどころ 22

円周率　歴史と数理

（ *Circle Ratio*
—*History and Mathematics*）

2013 年 11 月 30 日　初版 1 刷発行

著　者　中村　滋　ⓒ 2013
発行者　南條光章
発行所　共立出版株式会社
　　　　〒112-8700
　　　　東京都文京区小日向 4-6-19
　　　　電話　03-3947-2511（代表）
　　　　振替口座　00110-2-57035
　　　　URL http://www.kyoritsu-pub.co.jp/
印　刷　大日本法令印刷
製　本　協栄製本

一般社団法人
自然科学書協会
会員

検印廃止
NDC 414.12, 410.2
ISBN 978-4-320-11062-5

Printed in Japan

JCOPY　〈(社)出版者著作権管理機構委託出版物〉
本書の無断複写は著作権法上での例外を除き禁じられています．複写される場合は，そのつど事前に，(社)出版者著作権管理機構（電話 03-3513-6969，FAX 03-3513-6979，e-mail: info@jcopy.or.jp）の許諾を得てください．